Streifzug Motorradgeschichte

Manfred Nabinger

STREIFZUG MOTORRADGESCHICHTE

PODSZUN

Inhalt

Motor-Rad: Das Triebwerk (hier von Columbus/Horex) beherrscht die Gesamtkonstruktion

Einleitung

Das motorisierte Zweirad kann auf eine Geschichte zurückblicken, die mittlerweile mehr als ein ganzes Jahrhundert umfaßt. Innerhalb dieses Zeitraumes entstanden Tausende von Marken, die heute zum grossen Teil vergessen sind. Darunter Eintagsfliegen, die über eine Ankündigung ihrer Existenz per Anzeige nicht hinauskamen, aber auch Marathonläufer mit endlos langem Atem, die schon in der motorlosen Fahrradepoche starteten und heute immer noch unterwegs sind. Wir finden gänzlich verschiedene Entwicklungslinien, je nachdem, ob wir uns auf Europa, die USA oder Fernost konzentrieren. Wir stoßen auf internationale, nationale und regionale Phänomene und bemerken Verflechtungen mit anderen Industriezweigen, mit der Politik, der Kriegswirtschaft, mit Kunst und Kultur.

All dies überblicken und darstellen zu können, maßt sich der Autor nicht an. Er möchte auch keine weitere Enzyklopädie, in der die Marken von A-Z aufgelistet sind, liefern. Wie der Titel schon sagt, geht es darum, eine kleine Auswahl aus dem reichhaltigen Fundus der Motorradgeschichte zu präsentieren. Sie soll zum einen Einsteigern und allgemein Interessierten die Vielfalt und Faszination der Technik von gestern vermitteln; sie kann gewiß aber zum anderen auch Kennern der Materie noch das eine oder andere Detail, eine bislang unbekannte Rarität oder einfach einige besonders schöne Klassiker "nachreichen".

Aus diesem Grund kamen im wesentlichen Farbaufnahmen restaurierter Maschinen zur Verwendung. Reproduktionen zeitgenössischer Abbildungen garantieren zwar in den meisten Fällen mehr Originalität, hätten unsere "Streifzüge" aber eher zu einem langweiligen Aktenstudium gemacht. Aus dem gleichen Grund wurde auf eine streng chronologische Darstellung verzichtet. Statt dessen wird den gängigen Entwürfen, die uns die Motorradgeschichte bislang hinterlassen hat, Rechnung getragen.

Ausgangspunkt war das Wort "Motor" in "Motorrad". Hieraus ergab sich eine ungefähre Einteilung ganz von selbst. Auch in der Motorrad-Szene entwickeln sich die Gespräche meist entlang dieser Linie, wie sich der Autor in zahlreichen Diskussionen mit Sammlern und Enthusiasten überzeugen konnte. In verschiedenen Kapiteln werden dementsprechend Einzylindermodelle, Boxer, Paralleltwins, V-Maschinen und Reihenmotoren mit drei und vier Zylindern vorgestellt. Dazu kommt noch ein Kapitel über die Technik der Experimentierphase vor 1900 und eines über Raritäten und Skurrilitäten.

Die Mehrzahl der abgebildeten Maschinen stammt aus der Epoche, die lange als klassisches Zeitalter des

Motorradbaus bezeichnet wurde: aus den Jahren zwischen dem Ersten und dem Zweiten Weltkrieg.

Daneben kommen aber auch die fünfziger, sechziger und siebziger Jahre nicht zu kurz. Die Frage, was noch oder schon als klassisch gelten darf, sollen Historiker, Veranstalter, Gesetzgeber und Stammtischteilnehmer entscheiden: der Autor hat sich auch hier zurückgehalten.

Dies schlägt sich in der Anordnung und Gewichtung des Materials nieder. Eine strenge Bewertungs-Hierarchie wurde vermieden. Denn wie bereits die Gründerzeit einige sehr moderne Entwürfe aufweist, die aber oft vergessen werden, besitzt die Moderne ihrerseits schon einige Klassiker, die - um nur ein Beispiel zu nennen - vor wenigen Jahren noch von Puristen als "Japanschrott" abqualifiziert wurden. In diesem Buch finden sie sich, wie bereits auch auf einigen "undogmatischen" Veteranenveranstaltungen, Seite an Seite.

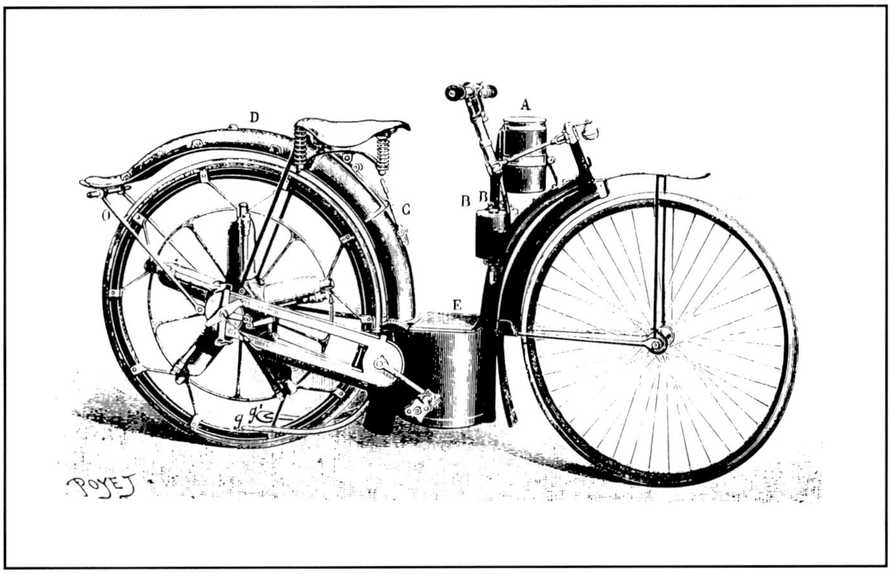

Noch im Experimentierstadium: Französische Millet mit Fünfzylinder-Sternmotor im Hinterrad (1894)

Im Gegensatz zu vielen anderen motorradgeschichtlichen Exkursionen hat sich der Autor an das Motto Winston Churchills gehalten: "No sports!" Das bedeutet für dieses Buch, daß der ganze Bereich der Rennmaschinen und Rekordfahrzeuge ausgeklammert wurde. Die eine oder andere Sport- oder gar Supersportmaschine mag sich zwar finden, ansonsten gibt es aber nur Serienfahrzeuge, gebaut für den Straßenverkehr. Sie stellen heute das Reservoir dar, aus dem sich altgediente Sammler wie auch Neueinsteiger ins Veteranen-Hobby bedienen (müssen). Daß auch hier eine enorme "Artenvielfalt" existierte, möchte dieses Buch zeigen.

Zuletzt eine Anmerkung zu den Jahreszahlen: Sie bezeichnen meist die abgebildete Maschine, stehen zuweilen aber auch für den Anfang einer Modellreihe, die aber in einem späteren Exemplar vertreten ist.

Stichworte zur Motortechnik

Zuerst einige Erläuterungen zur Einteilung der Viertakt-Motoren: als entscheidendes Merkmal sieht man im allgemeinen die Art der Ventilsteuerung und dabei die Position der Nockenwelle an. Liegt sie im Motorgehäuse, spricht man von einer untenliegenden Nockenwelle. Ist sie im Zylinderkopf gelagert, nennt man sie obenliegend.

Am Anfang der Motorenentwicklung entstanden Triebwerke mit untenliegender Nockenwelle. Die einfachste Anordnung bestand aus einem Ventil für den Auslaß, das von der Nockenwelle direkt betätigt wurde. Den Einlaß überließ man sich selbst. Er öffnete sich durch den Unterdruck, den der abwärts gehende Kolben erzeugte. Eine entsprechend bemessene Feder drückte das Ventil wieder gegen seinen Sitz, wenn der Unterdruck schwächer wurde. Dies nannte sich "automatisches" Einlaßventil und hieß später "Schnüffel"- oder "Schnorchelventil".

Der nächste Schritt führte zum gesteuerten Einlaßventil. Dies konnte man da lassen, wo es war, nämlich über dem Auslaß, und kam dann zur sogenannten ioe-Anordnung. Das war die Abkürzung für inlet over exhaust (Einlaß über Auslaß). "Wechselgesteuert" war der entsprechende deutsche Terminus. Möglich war auch, parallel zum Auslaßventil ein Einlaßventil anzubringen. Man sparte so die lange Betätigungsvorrichtung hinaus zum Auslaß. Ein- und Auslaß befanden sich seitlich am Zylinder, Zylinder und Zylinderkopf bestanden aus einem Teil (Sackzylinder), beide Ventile konnten direkt von der Nockenwelle betätigt werden, der Verbrennungsraum war L-förmig. "Seitengesteuert" hießen Triebwerke dieser Bauart, "sv" lautet die international gebräuchliche Abkürzung (side valves).

Viertaktsteuerungen: Ganz oben sv, in der Mitte ioe und unten ohv

Höhere Leistungen ließen sich allerdings mit halbkugeligen oder dachförmigen Brennräumen erzielen, in die die Ventile von oben hereinragten. Ließ man die Nockenwelle weiterhin an ihrem angestammten Platz, benötigte man lange Betätigungselemente für die Ventile. Meist waren dies Stoßstangen. Als "ohv"-Steuerung (over head valves) wurde diese Bauweise bekannt. Sie war von den zwanziger bis in die fünfziger Jahre für Rennmaschinen gut, setzte sich in den Dreißigern auch bei Serienmotorrädern durch und wurde bis auf wenige Ausnahmen in den Sechzigern und Siebzigern von Motoren mit obenliegender Nokkenwelle verdrängt.

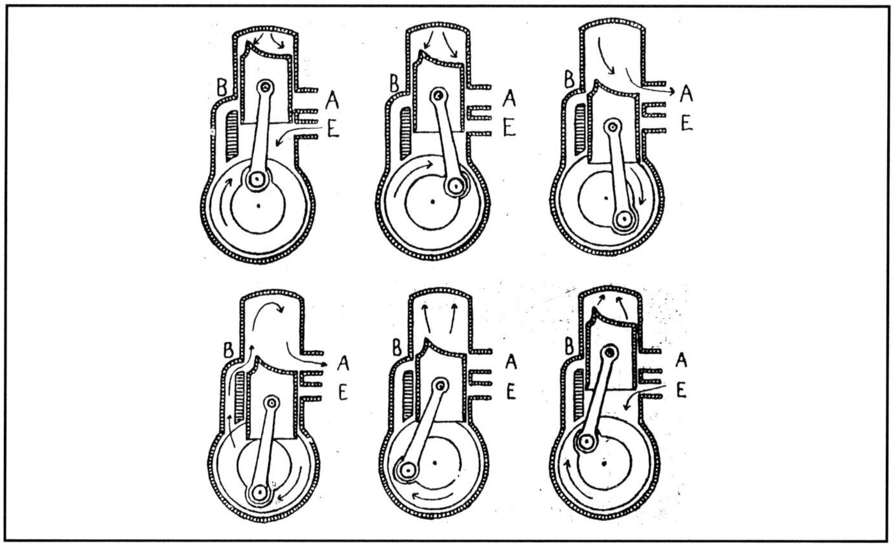

Frühe Zweitakter mit Schlitzsteuerung (oben), Umkehrspülung nach Schnürle (Mitte), Dolf-Zweitakter mit Radialspülung (unten)

Damit sind wir bei der letzten Kategorie angekommen. Hier befinden sich nicht nur die Ventile, sondern auch die Nockenwelle im Zylinderkopf. Das hat den Vorteil, daß letztere die Ventile wieder direkt steuern kann und trotzdem ein halbkugeliger oder dachförmiger Brennraum möglich ist. "ohc" heißt diese Bauweise (over head camshaft = Nockenwelle über dem Zylinderkopf). Kommen zwei Nockenwellen (jeweils eine für Einlaß und Auslaß) zum Einsatz, spricht man von einer "dohc"-Steuerung (double over head camshaft). Knackpunkt der ohc-Steuerung war früher der Antrieb der Nockenwelle. Aufwendige Zahnradkasaken von der Kurbelwelle bis ganz hinauf zum Zylinderkopf oder vertikale "Königswellen" mit zwei 90'-Umlenkungen ließen sich in der Massenfertigung kaum

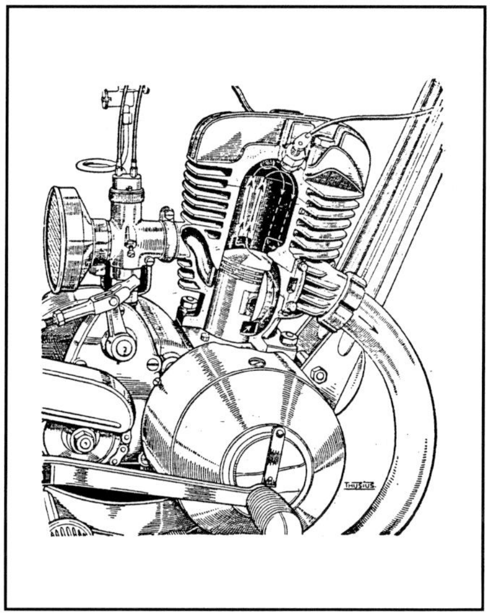

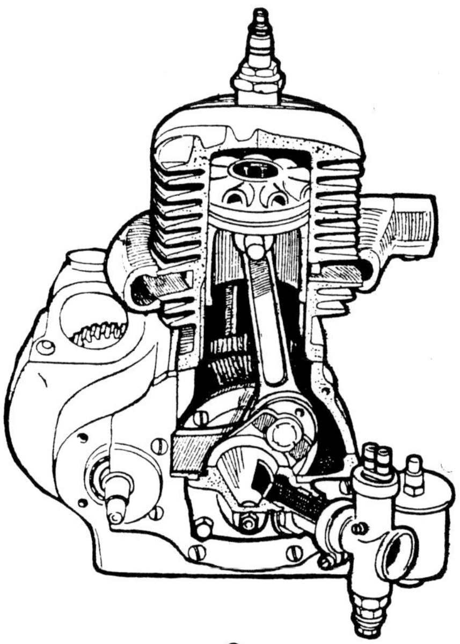

realisieren. Erst der japanische Hersteller Honda bewies, daß sich mit einer einfachen Steuerkette das Problem lösen ließ - vorausgesetzt, sie besteht aus hochwertigem Material und verfügt über eine Spannvorrichtung. Auch bei Zweitaktern sind verschiedene Arten der Steuerung möglich. Im Fahrzeugbau setzte sich der Zweitakter aber hauptsächlich in seiner kolbengesteuerten Version durch. Der Arbeitskolben regelt hier mit seinen Bewegungen zusätzlich auch noch die Gaswechselvorgänge. Ventile, Schieber oder Klappen werden dazu nicht gebraucht.
Schon früh halfen zusätzliche Einrichtungen wie Drehschieber oder Membrane den Ansaugvorgang zu optimieren. Mit der Doppelkolbentechnik und später der kompletten Abstimmung aller Gaswege gelang es, die Frischgasverluste zu verringern, die bereits immer ein Handicap der kolbengesteuerten Zweitaktmotoren waren.

Die Pionierzeit

Der Begriff der individuellen Mobilität wird heute meist mit dem Automobil in Verbindung gebracht. Es war aber die Erfindung des Fahrrads, die im 19. Jahrhundert den persönlichen Aktionsradius des einzelnen erstmals gewaltig erweiterte. Unabhängig von Pferden, Kutschenfahrplänen oder dem gewaltigen Apparat der Eisenbahn und trotzdem mobiler als zu Fuß - eine geniale Erfindung.

Doch auch sie schien verbesserungsfähig: ein Motorantrieb des "Velozipeds" versprach noch größere Dimensionen. Schon in den frühen Entwicklungsstadien machten sich Erfinder darüber Gedanken, wie sie ihren Laufmaschinen, Boneshakern oder Hochrädern eine kleine Kraftspritze verpassen konnten. Es entstanden Fahrräder, denen kleine Dampfmaschinen aufgebürdet wurden, und gewitzte Tüftler ließen sich Federmotoren, Druckluftaggregate und andere Kraftquellen patentieren. Die ersten Verbrennungsmotoren, die nach 1860 entstanden, waren klobige, gewichtige Metallklötze, nur für den stationären Betrieb geeignet. Um Fahrzeuge antreiben zu können, mußten sie gewaltig abspecken. Als Meilenstein gilt hier das Versuchsfahrzeug, das Gottlieb Daimler 1885 auf die Räder stellte. Es verfügte über den bis dahin klein-

Deutlich sieht man dieser Diamant von 1903 die Abkunft vom Fahrrad an. Federungen und spezielle Fahrgestelle entwickelten sich erst später. Man beachte die aufwendige Steuerung des Magneten!

sten Verbrennungsmotor der Welt. Aus 264 ccm Hubraum holte er knapp 0,5 PS bei 600 U/min und war damit in der Lage, den zweirädrigen "Knochenschüttler", in den er eingebaut war, über eine längere Strecke anzutreiben.

Die Konstrukteure der ersten Motorräder konnten von nun an also verschiedene Wege einschlagen. Im wesentlichen mußten sie sich entscheiden, ob sie um einen relativ großen und stabilen Motor ein Fahrgestell mit zwei Rädern bauen wollten, oder ob sie ein normales Fahrrad motorisieren und damit ein (nach damaligen Verhältnissen) riskantes Miniaturtriebwerk schaffen wollten. Hildebrand & Wolfmüller beschritten den ersten Weg, Firmen wie Werner, Peugeot und Sanciôme in Frankreich und Blessing in Deutschland gingen in die andere Richtung.

1896 wagten sich Heinrich Hildebrand und Alois Wolfmüller zum ersten Mal an die Serienproduktion eines motorisierten Zweirads

Hildebrand & Wolfmüller 1894

Im letzten Jahrzehnt des vorigen Jahrhunderts lag das Motorrad quasi in der Luft. Die Idee, das Fahrrad zu motorisieren, war schon etliche Jährchen alt. Zahlreich waren ebenso die Versuche, die gängigen Gas- oder Petroleummotoren in ihrer Größe derart zu reduzieren, daß sie in ein Straßengefährt paßten. Entsprechend dem damals vorherrschenden Nationalismus war schon bald jede "Kulturnation" in der Lage, einen eigenen "Erfinder" des Automobils und des Motorrades vorzuweisen. Tatsächlich arbeitete damals kein Techniker oder Konstrukteur im luftleeren Raum: Ausstellungen, Patentveröffentlichungen und Arbeitsstellenwechsel der Ingenieure und Werkleute trugen dazu bei, daß die Geburt des Motorrades eine internationale Angelegenheit war.

In Deutschland entstand 1894 eine Konstruktion, die zum ersten Mal den Namen "Motorrad" trug und nicht nur - wie viele andere Versuche - ein Einzelstück blieb, sondern es immerhin zu einer Serie von ca. 900 Exemplaren brachte. Sie wurde auch als französische Lizenzversion unter dem Namen "La Pétrolette" in Paris gebaut und beeinflußte die Motorradentwicklung jenseits des Rheins nachhaltig.

Die Brüder Heinrich und Wilhelm Hildebrand aus München experimentierten um 1890 mit einem Dampf-Zweirad, gaben diese Konstruktion aber bald wieder auf. Heinrich Hildebrand tat sich darauf mit dem Ingenieur Alois Wolfmüller und dessen Schulkameraden Hans Geisenhof zusammen. Beiden hatten bei Karl Benz im Motoren- und Automobilbau Erfahrungen sammeln können.

Es entstand eine eigentümliche Konstruktion, eine Mischung aus zukunftsweisender und chancenloser Technik. Man hatte kein Fahrrad motorisiert, sondern einen Motor auf Räder gesetzt. Um einen 1488-ccm-Viertakt-Zweizylinder herum ergab sich ein Fahrwerk, das sich von einem herkömmlichen Fahrrad deutlich unterschied. Herzstück des er-

In diesem Kasten wird eine Flamme gezündet, die einen Metallstift erhitzt, welcher in den Brennraum hineinragt und dort für Zündung sorgt

sten "Motorrades" war das liegend angeordnete Triebwerk, aus dessen Zylindern hinten die nackten Pleuel herausragten und über zwei offen rotierende Kurbeln das Hinterrad antrieben. Jedes Pleuel war mit einem Gummiband versehen, das nach Passieren des unteren Totpunktes der ganzen Chose auf dem Rückweg etwas mehr Kraft und Gleichförmigkeit gab.

Die Vorwärtsbewegung der H & W erfolgte trotzdem eher stoßweise. Ein weiteres Handicap war die Zündanlage: eine offene Flamme erhitzte zwei Nickelrohre, die in den Brennraum ragten und das verdichtete Gemisch zur Explosion bringen sollten. Startprobleme und Zündschwierigkeiten waren damit vorprogrammiert. Zudem war das Manövrieren ohne Kupplung oder Getriebe eine Tätigkeit, die höchste Konzentration erforderte.

So kam es, daß sich die interessierte Öffentlichkeit nach anfänglichem Enthusiasmus schon bald wieder vom Motorzweirad ab- und neuen Favoriten zuwandte. Motorisierte Dreiräder von de Dion-Bouton oder Léon Bollée ließen sich wesentlich einfacher handhaben, verfügten über Kühlung, mehrere Gänge und zuverlässigere Triebwerke. Das motorisierte Zweirad kehrte wieder zum Fahrrad zurück, das ein wenig verstärkt und mit einem leichten Verbrennungsmotor kombiniert wurde. Nicht der große Hubraum, sondern die erhöhte Drehzahl brachte die nötige Leistung. Diese Tendenz setzte sich durch die ganze Zweiradgeschichte fort und darf als ein wesentlicher Grundzug ihrer Motorentwicklung gelten. Die H & W nimmt hingegen das Zeitalter der Hubraumgiganten, der Hyper- und Superbikes vorweg.

Blessing 1898

Auf dem Weg von Fahrrad und Motorrad stoßen wir in verschiedenen Epochen immer wieder auf den Typus des Motorfahrrades bzw. des Fahrrades mit Hilfsmotor; in Europa nach den beiden Weltkriegen und während der großen Wirtschaftskrise der dreißiger Jahre; in der Dritten Welt während diverser Industrialisierungsschübe, die mit viel Verkehr bei wenig Infrastruktur verbunden sind.

Auf das motorisierte Fahrrad wird immer dann zurückgegriffen, wenn mit minimalem Aufwand oder unter schwierigen Bedingungen motorisierte Fahrzeuge entstehen sollen. So war es auch schon in den Kindertagen der Motorisierung. Das "safety bicycle" oder "Niederrad" hatte sich damals als Standardform etabliert; die Konstrukteure konnten bequem darauf zurückgreifen und sich im wesentlichen auf die motorische Antriebsquelle konzentrieren. Zahlreiche europäische Hersteller gingen diesen Weg.

Während beispielsweise französische Konstruktionen aus dieser Zeit in überraschender Vielfalt überliefert oder erhalten sind, gibt es dazu relativ wenig deutsches Material. Eine Ausnahme bildet das Blessing-Motorfahrrad von 1898, von seinem Besitzer übrigens in den Beständen eines französischen Privatmuseums entdeckt.

Verfolgen wir seine Ursprünge zurück, landen wir wie im Falle der Hildebrand & Wolfmüller wieder in Bayern. Erneut finden wir ein Fahrzeug mit der Abkürzung "H & W". Dies steht nun aber für Heinle und Wegelin. Zwei Herren mit diesen Namen finanzierten ab 1895 die Entwicklung eines Motorrades, das sich bald zum Dreirad mauserte und tatsächlich auch in einigen Exemplaren gebaut und verkauft wurde.

Bei der Herstellung der H & W in Augsburg wirkte Oskar Moritz Blessing mit, der sich 1898 mit eigenen Motoren selbständig machte. Er annoncierte sie bald als "Ideal des Radfahrers". Sie konnten in das Rahmendreieck eingebaut werden und ersparten einiges an Tretarbeit. Dafür mußten die Ex-Radfahrer sich nun ebenso intensiv um andere Dinge kümmern.

Da war zum einen die offen laufende Kurbelwelle, die Aufmerksamkeit und Schmiermittel verlangte. Da war weiterhin der Kraftstoffpegel im Tank zu beachten. Letzterer fungierte als Oberflächenvergaser und benötigte ein relativ konstantes Niveau, um ein einigermaßen homogenes und zündfähiges Gemisch zu liefern. Bei einem Oberflächenvergaser saugt der Motor über eine Kraftstoffoberfläche hinweg seine Luft an, wobei sich Dämpfe ergeben, die zur Verbrennung einigermaßen brauchbar sind. Um den Kraftstoffpegel konstant zu halten, mußte der Blessing-Fahrer aus einem zweiten Tank Benzin nachfließen lassen. Kupplung und Getriebe fehlten, nur die Spannung des Antriebsriemens verdiente einige Beachtung.

Komplikationen versprach hingegen die Zündanlage. Blessing hatte die Nachteile einer Glührohr-Zündung erkannt und deswegen ein elektrisches System gewählt. Es entsprach dem Typus der "Niederspannungs-Magnetanlage mit Abschnappvorrichtung" und stammt von Eisemann. Es saugte zwar keine Batterien leer oder gefährdete Menschenleben durch Explosionen, zündete allerdings auch nur 200 bis 300 Mal pro Minute. Der hin- und herschwingende Anker und diverse Hebeleien verhinderten höhere Drehzahlen.

Wenige Jahre nach Erscheinen der Blessing war ihre Technik schon völlig veraltet. Nun waren die Motorgehäuse geschlossen; Hochspannungs-Magnetzündung nach Bosch lieferten kräftige Funken in allen Drehzahl-Lagen; kleine Vergaser in eigenen Gehäusen bereiteten den Kraftstoff zuverlässig als zündfähiges Gemisch auf. Daß dies alles keine Selbstverständlichkeiten sind und jedes Detail sich Schritt für Schritt veränderte, demonstriert uns die bald hundertjährige Blessing vorzüglich.

Aus dem Jahr 1896 stammt diese Blessing, das bislang älteste Motorfahrrad Deutschlands. Der offene Kurbeltrieb besaß keine Zukunftschancen

Sanciôme 1901

Als probates Mittel, die Motorkraft ans Hinterrad gelangen zu lassen, hat sich im Laufe der Motorradgeschichte die Kette erwiesen. Sie besitzt heute fast ein Monopol auf diesem Gebiet. Als Alternative kommt höchstens der Kardan- bzw. Wellenantrieb in Betracht, eine elegante, teure und entsprechend seltenere Lösung des Antriebsproblems.

In der Frühzeit des Motorrades standen die Konstrukteure auch auf diesem Gebiet vor der Qual der Wahl. Standardlösungen gab es keine, alle Vor- und Nachteile der verschiedenen Kraftübertragungen mußten sich erst erweisen. Die Kette lief bei einigen Herstellern schon im Versuchs- oder Serienstadium, andere bevorzugten den Direktantrieb über Zahnräder. Die Mehrzahl vertraute ihre kostbaren 1-2 PS aber einem Riemen an, der zuerst als Schnur-, dann als Flachriemen in Erscheinung trat und sich schließlich als Keilriemen bis in die zwanziger Jahre hielt.

Eine Außenseiterstellung nahm die Reibrolle ein. Sie blieb in der Großserie eine französische Spezialität, zierte aber Hilfsmotoren oder Mopeds verschiedenster Nationalitäten. Die Reibrolle kommt ohne aufwendige Technik aus (sitzt im einfachsten Fall direkt auf der Kurbelwelle) und überträgt die Kraft direkt auf die Reifenoberfläche. Sie bleibt allerdings auf den Bereich geringer PS-Zahlen beschränkt.

Der Antrieb über eine Reibrolle direkt auf den Reifen war das Markenzeichen des Velosolex. Hier ein früher Vorläufer: Sanciôme von 1901

Um 1900 entstand im französischen Clermont-Ferrand die "Motorette" des Konstrukteurs Sanciôme. Ein 130-ccm-Viertaktmotor war im Rahmendreieck untergebracht und trieb über Kette die Reibrolle an, die über dem Hinterrad saß. Die Sanciôme fand ihre Fortsetzung im Cyclotracteur von 1914, dessen Reibrollenmotor über dem Vorderrad saß, und im Millionen-Hit Velosolex, das dieses Konzept ab 1946 in aller Welt heimisch machte.

Werner 1902

1894 verwendete Hildebrand und Wolfmüller in München erstmals die Bezeichnung "Motorrad". Das damit bezeichnete Fahrzeug kam zwar auf dreistellige Stückzahlen, war aber bald von der Bildfläche verschwunden. Ein Zweizylinder-Gigant von 1,5 Litern Hubraum mit Direktantrieb zum Hinterrad - in dieser Form besaß das motorisierte Zweirad keine Zukunft.

1898 benutzten die Brüder Eugène und Michel Werner, die sich in Paris mit technischen Neuerungen verschiedenster Art beschäftigten, erstmals das Wort "Motocyclette". Es bürgerte sich schnell als französische Bezeichnung für ein motorisiertes Zweirad ein, wurde bald auf "La Moto" verkürzt. Das "Motocyclette Werner" war ein Fahrrad, vor dessen Steuerkopf ein kleiner Viertaktmotor angebracht war, der das Vorderrad über einen Riemen antrieb.

Mit dieser Konstruktion, die in den folgenden Jahrzehnten mit steter Regelmäßigkeit im Bereich der Fahrrad-Hilfsmotoren auftaucht, beginnt der eigentliche Siegeszug des Motorrades. Die Werner mußte anfangs, ähnlich der Hildebrand & Wolfmüller, mit dem Handicap einer Flammrohrzündung fertigwerden. Es gelang ihr, denn die Gesamtkonzeption stimmte.

Ein kleiner Viertakter von 220 ccm, der weniger als ein PS lieferte, brachte das leichte Fahrzeug auf 30 bis 35 km/h, damals die Obergrenze dessen, was man dem öffentlichen Verkehr zumuten durfte. Fiel das Triebwerk aus, konnte man den Riemen abnehmen und den Heimweg in gewohnter Manier per Pedalkraft antreten. Daß der Motor durchaus standfest war, stellte er in den ersten Langstreckenwettbewerben, die anfänglich 100 bis 200 km umfaßten, unter Beweis.

Werner verhalf der heutigen Standard-Plazierung des Triebwerks zum Druchbruch (Modell 1902)

1899 kam eine entscheidende Verbesserung: das Flammrohr wich einer elektrischen Zündung. Die Alltagstauglichkeit wurde damit verbessert, und die Werner bewies dem internationalen Fachpublikum, daß das motorisierte Zweirad eine durchaus praktische Sache war. Bald lieferten die Gebrüder Werner in alle Welt.

Die Ur-Werner mit Lenkstangenmotor und Vorderradantrieb

1901 tat das Werner-Motorrad einen weiteren wichtigen Schritt in Richtung dessen, was wir heute unter Motorrad verstehen. Der Motor trat an die Stelle des Tretlagers, das nach hinten rückte und später ganz wegfiel. Diese Idee hatte schon vorher einige Konstrukteure gekitzelt, den Gebrüdern Werner gelang es aber erstmals, eine ausgereifte Konstruktion zu schaffen, die in den folgenden Jahren den Maßstab setzte.

Die Werner fand überall schnell ihre Nachahmer. In Deutschland beispielsweise fertigten die Fahrzeugwerke Eisenach ein entsprechendes Motorfahrrad "Wartburg" in Lizenz. Paul Schauer in Berlin griff die Konzeption des "Frontmotors" mit Riemenantrieb ebenfalls auf und lieferte sein Modell "Cyklon", Vorläufer der Cyklonett-Dreiräder, die später zu großer Verbreitung gelangten.

Die Firma Werner schuf noch zwei weitere Meilensteine auf dem Weg zum modernen Motorrad: 1904 verschwand das Schnüffelventil, und der Einzylindermotor erhielt gesteuerte Ein- und Auslaßventile. 1905 entstand ein Zweizylinder-Parallel-Twin mit rund 400ccm.

Wie zahlreiche andere Unternehmen aus der Pionierzeit des Motorrads überlebte auch Werner diese Phase nicht und fand keinen Anschluß an den ersten wirklich großen Motorrad-Boom, der in den zwanziger Jahren zu industrieller Massenfertigung führte.

Motosacoche I von 1903 mit 214 ccm Hubraum. Wurde als komplette Einheit wie eine große Tasche ins Rahmendreieck gesetzt

Motosacoche

Aus der Schweiz, genauer gesagt dem Ort Acacias bei Genf, stammt ein interessanter Beitrag zur Entwicklungsgeschichte des Motorrades. "Motosacoche", zu deutsch: Motortasche, nannten die Brüder Dufaux ein Einbauset, das einen 214-ccm-Viertakter mit Halterungen, Tank, Zündanlage und einen Hilfsrahmen umfaßte. Das Ganze war mit Hilfe von sieben Klemmschrauben einfach in das Rahmendreieck eines konventionellen Herrenfahrrades zu verpflanzen. Wie eine zu groß geratene Werkzeugtasche hing es an den Rohren - und aus dem Drahtesel war ein Motorrad geworden.

Ab 1900 lieferten Armand und Henri Dufaux ihre "Motortasche" in zahlreiche Länder und legten damit den Grundstein zur bald größten Motorradfabrik der Schweiz. Zuerst entstanden Zweigwerke, die die Motortasche auch im Ausland produzierten. Dann stellten die Genfer eigene Fahrwerke und komplette Maschinen her. Man beschränkte sich bald nicht länger auf die Kleinmotorisierung, sondern bot große Viertakter mit Einzylinder- und Zweizylinder-V-Motoren an.

Die Triebwerke wurden von zahlreichen Firmen geordert. Motosacoche, später zu MAG abgekürzt, war bis zum Zweiten Weltkrieg eine der besten Adressen, wenn es um Motorradtriebwerke ging. Mitte der fünfziger Jahre wurde die Produktion eingestellt. Zur Blütezeit des Unternehmens griffen international bekannte Marken wie Ariel, Matchless, Brough, Standard, Mars und Monet-Goyon auf die Schweizer Präzisionstriebwerke zurück.

Peugeot 1903

Wenn von den großen klassischen Motorradmarken die Rede ist, fallen meist englische, deutsche, italienische und nordamerikanische Namen.

An dieser Stelle soll deswegen an die zahlreichen französischen Hersteller erinnert werden, die vor allem in der Frühphase der Motorradentwicklung entscheidend dazu beitrugen, dieses Fahrzeug zu popularisieren.

Einige Hersteller überdauerten mehr als ein halbes Jahrhundert und lieferten zwischenzeitlich beachtliche Stückzahlen: Terrot in Dijon, Motobécane, Monet-Goyon in Macon, Gnôme et Rhône in Paris, Magnat-Debon in Grenoble und schließlich auch die heute wohl bekannteste Marke - Peugeot. Bis in die fünfziger Jahre baute die Firma aus Valentigney Motorräder, dann setzte sie ganz auf die vom Verkauf her vielversprechenderen Mopeds und Kleinkrafträder.

Die Marke mit dem Löwen zählt zu den Firmen, die die Gründerzeit des Motorrades mitgestalteten. Peugeot, zu jenem Zeitpunkt schon ein etablierter Fahrradhersteller und Lieferant von motorisierten Drei- und Vierrädern, stellte sein erstes Motorrad 1901 auf die Beine. Man benutzte anfänglich Einbaumotoren der Marken Minerva und Zedel. Sie waren an den vorderen Rahmenunterzug angeschellt, besaßen Batteriezündung und wurden über den als Oberflächenvergaser ausgelegten Tank mit Kraftstoff beschickt. 1903 brachte Peugeot sein erstes eigenes Triebwerk heraus, einen Viertelliter-Viertakter von zwei PS Leistung. Er verfügt über einen getrennten Vergaser, einen (über eine Nockenwelle) gesteuerten Auslaß und das damals übliche "Schnüffelventil" als Einlaßvorrichtung. Diese (auch als "automatisch arbeitend" bezeichneten) Ventile wurden von weichen Federn geschlossen gehalten, bis sie der Unterdruck des nach unten gehenden Kolben öffnete. Die Mechanik arbeitet bei niedrigen Drehzahlen einigermaßen zuverlässig, sobald aber die "Touren" ansteigen, wird ein gesteuertes Einlaßventil unumgänglich. Ende 1903 brachte Peugeot schon Modelle mit der Vorderradfederung "System Truffaut" heraus, damals eine bedeutende Verbesserung.

1906 erschien das erste Modell mit V-Motor. Hubraumvarianten von

Peugeot von 1903 mit selbst gefertigtem Motor von 249 ccm Hubraum

350 ccm, 480 ccm und 660 ccm standen zur Auswahl. Über mehr als einen Liter Hubraum hatte ein Modell für Geschwindigkeitsrekorde von 1905 verfügt, das die Potentiale eines V-Triebwerkes demonstrieren sollte. Serienmäßige 660 ccm genügten dem Sportmotor, der 1907 bei der ersten Tourist Trophy auf der Isle of Man siegte – allerdings nicht unter der Peugeot-Flagge, sondern in einen Norton-Rahmen eingebaut! In den zwanziger Jahren lieferte Peugeot kleine Zweitakter. Das nächste Jahrzehnt stand dagegen im Zeichen solider und zuweilen auch sportlicher Viertakttechnik, die bis 500 ccm Hubraum reichte.

Daneben trat die Fertigung der zulassungsbegünstigten Leichtmotorräder bis 125 ccm Hubraum immer deutlicher in den Vordergrund.

Nach dem Krieg konzentrierte man sich noch stärker auf diese Klasse und die dort vorherrschende Zweitakttechnik und hatte erfolgreiche Roller und Leichtmotorräder im Programm, bevor man sich, wie oben schon erwähnt, ganz auf die 50-ccm-Klasse verlegte.

Heute immer noch aktuell: der Hinterrad-Nabenmotor im verstärkten Fahrradrahmen. Von der englischen Firma Singer schon 1901 angeboten

Klassische Einzylinder-maschinen

Im Gegensatz zum Automobilbau, wo sich Mehrzylindermotoren schnell einbürgerten, dominierte auf dem Motorradsektor jahrzehntelang der Einzylinder. Um ein relativ leichtes Gefährt mit nur zwei Rädern und einem Gesamtgewicht inklusive Fahrer von rund 200 Kilogramm vorwärtszubringen, genügt eine Handvoll PS, entsprechend we-

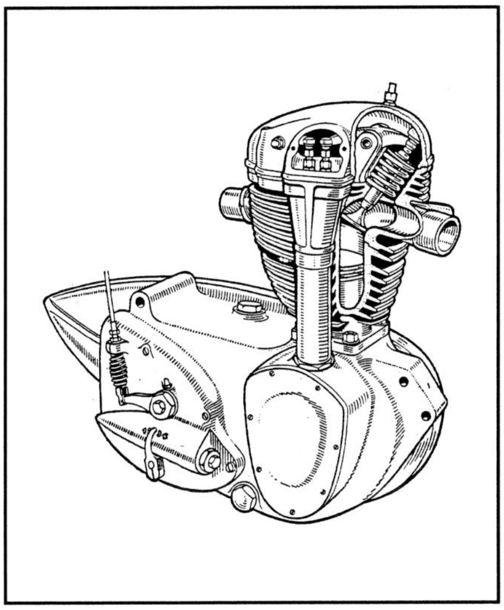

Einzylinder-Viertakter: Horex Regina

nig Hubraum und daher meist auch ein Zylinder. Als Einzylindermaschine ist das Motorrad kostengünstig in der Produktion, problemlos in der Technik und ökonomisch in der Haltung.

Dies ändert sich schlagartig, sobald deutlich gesteigerter Komfort, wettbewerbsfähige Leistung oder generell hohe Geschwindigkeiten gefordert werden. Dann stößt der Single an seine Grenzen. Trotzdem haben die Konstrukteure die Einzylindertechnik in verschiedene Richtungen vorangetrieben und damit eine Vielfalt geschaffen, die immer noch unerreicht ist.

Im folgenden werden zuerst einige klassische Viertakt-Einzylinder englischer Bauart vorgestellt. Danach kommen, als Beispiele besonderer Konstruktionsideen, Maschinen mit liegendem Zylinder und Einzylinder-Kardan-Kombinationen ausführlich zu Wort und Bild. Und am Schluß dieses Kapitels defilieren wir an sehr unterschiedlichen Zweitakt-Maschinen vorbei. Die Bandbreite reicht vom Fahrrad-"Arschwärmer" bis zum einstigen High-Tech-Gerät.

Neckarsulmer Motorrad 1903

Rund 60 Jahre lang war die Stadt Neckarsulm Motorradfahrern in aller Welt ein Begriff. Dort entstanden die berühmten NSU-Maschinen, die im Alltagsverkehr durch Zuverlässigkeit glänzten, auf der Rennpiste Geschwindigkeitsrekorde und Weltmeisterschaften einfuhren.

Die Firmengeschichte begann 1873 mit dem Bau von Strickmaschinen. Die "Neckarsulmer Strickmaschinen-Fabrik AG" nahm 1886 zusätzlich Fahrräder ins Programm. 1892 ent-

1903 erschien die erste NSU mit selbst gefertigtem Motor

stand dafür der Markenname NSU. Das Unternehmen war mit diesem Artikel bei der Kundschaft schon bestens eingeführt, als es 1901 ihr erstes Motorrad präsentierte. Der Rahmen entsprach dem eines gewöhnlichen Fahrrades, war aber stärker dimensioniert. Unter dem vorderen Rahmenrohr hing ein kleiner Viertaktmotor des Schweizer Herstellers Zedel, der damals zahlreiche Motorradproduzenten belieferte.

1902 entstand neben diesem Modell eine Ausführung, bei der der Motor die Stelle des Tretlagers einnahm, das nun nach hinten rückte. Ab 1903 fertigten die Neckarsulmer ihre Motoren selbst. Anfänglich beschränkte man sich auf Viertakt-Einzylinder mit Hubräumen bis zu einem halben Liter. Die erste Serien-Maschine mit V-Motor kam 1909 heraus und 1911 löste die Markenbezeichnung NSU die Schriftzüge

Einer der Höhepunkte der NSU-Geschichte: der Halbliter-Viertakter OSL 501 von 1938

"Neckarsulmer Motorrad" oder "Neckarsulm" auf den Tanks ab.

Das abgebildete Modell weist gegenüber dem Erstling schon zahlreiche Neuerungen auf. Statt der Trockenbatterie, die nicht nachgeladen werden konnte, sorgt die damals neue Magnetzündung für den Zündfunken. Ein Spritzdüsenvergaser reguliert die Gemischzusammensetzung besser als der alte Oberflächenvergaser-Tank. Er sitzt interessanterweise zusammen mit dem Auspuff vor dem Motor. Spätere Modelle übernahmen dagegen die klassische Verteilung: Auspuff vorne, Vergaser hinten oder seitlich.

NSU 1938

Während der ersten drei Jahrzehnte ihres Bestehens lieferte die Firma NSU nur Viertaktmotorräder. Auch die kleinen Motorfahrräder besaßen

Viertakttriebwerke. Leerlaufvorrichtungen und Zweiganggetriebe waren erhältlich. Hinzu kamen gediegene Fahrwerke, die schon 1905 über eine Schwingenfederung vorne und 1910 über eine Art Schwinge mit Zentralfeder hinten verfügten. Die Einzylinder und die großen V-Maschinen waren von sprichwörtlicher Robustheit und Zuverlässigkeit.

Die Kundschaft für diese hochwertigen Qualitätsprodukte begann aber in der Zeit der großen Wirtschaftskrise nach 1929 abzubröckeln. Wie viele andere Hersteller mußte NSU sein Sortiment den neuen Verhältnissen anpassen. 1930 stellten die Neckarsulmer ihren ersten Zweitakter, ein Leichtmotorrad mit 175 ccm Hubraum, vor. Weitere Modelle dieser Baureihe folgten.

1932 überraschte NSU die Viertaktfreunde mit neuen Leckerbissen. Zwei sportliche Modelle mit Stoßstangensteuerung und sportlichem Flair entsprachen wieder ganz der Firmentradition. Die Modelle 350 S/OS und 501 S/OS besaßen 17 bzw. 20 PS und den klassischen Vierzylinder-Schlag, den man von NSU erwartete. Die Linie der neuen Maschinen war klassisch-britisch: kein Zufall, als Chefkonstrukteur zeichnete der Engländer Walter William Moore verantwortlich.

Bald erhielt die Reihe kleinere Ableger in Form von 200- und 250-ccm-Maschinen und eine Abrundung nach oben in Form eines 600-ccm-Dampfhammers. Am bekanntesten wurden die OSL-Modelle (Abkürzung für obengesteuert, Sport, Luxus). Mit ihnen startete NSU nach Ende des Zweiten Weltkrieges einen Neuanfang. Aus den 350-OSL- und 500-OSL-Maschinen wurden die "Konsul"-Modelle entwickelt, heute von Sammlern hochgeschätzte Raritäten.

Die Superfox mit 125-ccm-ohc-Motor kam 1955 heraus

NSU 1955

In den frühen fünfziger Jahren galt NSU als größte Motorradfabrik der Welt. Vom einfachen Quickly-Moped bis zur schweren 500-ccm-Maschine reichte das Angebot. Die ersten Nachkriegsjahre hatte man mit der Weiterentwicklung von Vorkriegskonstruktionen bestritten. Telegabeln und Hinterradfederung waren mittlerweile Standard und kamen demgemäß zum Einsatz. Trotzdem wirkte das Angebot ein wenig altbacken.

1949 brach dann bei NSU ein neues Zeitalter an. Das Modell Fox ("Fixe Fahrer fahren Fox") erschien. Mit seinem Preßstahlrahmen, der Kurzschwinge und dem kleinen ohv-Viertakter von 98 ccm Hubraum entwickelte es sich schnell zum Verkaufshit. Zweitaktversionen mit 125 ccm und 200 ccm (Modell Lux) folgten. 1952 sorgte ein größerer Viertakter mit 250 ccm Hubraum für Furore. Von der Fox übernahm er das Fahrwerkskonzept.

Der Motor allerdings war ganz für eine sportliche Fahrweise konzipiert, verfügte über eine obenliegende Nockenwelle und leistete 15 PS, später 18 PS. Soviel brachten damals die 350-ccm-Maschinen der Konkurrenz. Max hieß dieses sensationelle NSU-Modell, für eine ganze Generation von Fahrern *das* Motorrad schlechthin.

1955 kombinierte NSU seine beiden Erfolgsmodelle und nannte das Ergebnis "Superfox". Von der Max übernahm es den sportlichen Motor mit obenliegender Nockenwelle (die übrigens nicht über Kette, Zahnräder oder Königswelle, sondern durch einen Schubstangentrieb betätigt wurde). Von der Fox-Reihe stammte das schmächtigere Fahrwerk und der kleinere Hubraum von 125 ccm. Die Superfox leistete 9 PS und schaffte knapp 100 km/h. 1957 löste sie ein 175-ccm-Modell ab, das Maxi hieß, über immerhin 12,5 PS verfügte und zu 110 km/h fähig war. Zu diesem Zeitpunkt konzentrierten sich die Neckarsulmer schon vorwiegend auf die Moped-Produktion und streckten ihre Fühler in Richtung Automobil aus.

Das Unternehmen hieß mit vollem Namen Rudge-Whitworth und entstand 1894 aus dem Zusammenschluß zweier bekannter Firmen der britischen Fahrradindustrie. Rudge-Whitworth-Fahrräder galten als hochwertige Qualitätsprodukte, und gleiches galt für die Motorräder, deren Produktion 1910 begann. Einige Höhepunkte der Rudge-Geschichte: 1912 entstand die Rudge Multi, die über ein stufenloses (Riemen-) Getriebe verfügte; 1924 kam erstmals ein stoßstangengesteuertes Vierventil-Modell zum Einsatz; 1931 wurde das Vierventil-Konzept radi(k)alisiert: man ordnete die immer noch stoßstangengesteuerten Ventile nicht mehr parallel, sondern radial an. Dies alles gab es nicht nur bei Werksmaschinen. Der Rudge-Enthusiast konnte es "von der Stange" kaufen.

Eine Rudge war in den zwanziger und dreißiger Jahren das Motorrad für sportbegeisterte Fahrer. Die abgebildete "Ulster" erhielt ihren Namen nach dem Sieg beim Ulster Grand Prix 1928. Von 1932 bis zur Produktionseinstellung 1939 trugen die radialen 500-ccm-Maschinen diesen Namen. Unter der Bezeichnung "Special" lieferte Rudge weiter Halbliter-Vierventil-Maschinen mit Parallel-Technik. Die einfachen Tourenmotorräder besaßen JAP-Einbaumotoren.

Rudge Ulster 1936

Besondere Wertschätzung unter den Veteranen-Liebhabern genießen die englischen Rudge-Maschinen. Rudge gehörte nicht zu den Marken der ersten Stunde, stellte nur drei Jahrzehnte lang Motorräder her, konzentrierte sich im wesentlichen auf Einzylinder-Modelle und erwarb trotzdem einen legendären Ruf. Dazu trugen die zahlreichen Erfolge bei Rennveranstaltungen bei, dafür waren aber auch technische Neuerungen verantwortlich, mit denen Rudge die Konkurrenz auf die Plätze verwies.

Die sportlichen Maschinen von Rudge repräsentieren heute die "hochklassischen" zwanziger und dreißiger Jahre

Die Nürnberger Firma Victoria importierte in den späten Fünfzigern ein sportliches 175-ccm-Triebwerk des italienischen Herstellers Parilla, um die eigene Modellreihe aufzupäppeln – vergeblich. Hier eine Original-Parilla

Schräge Vögel BSA und Panther 1926

In der Experimentierphase des Motorrades, als man noch Fahrräder motorisierte, setzten einige Konstrukteure das Triebwerk schräg nach vorne geneigt in die Rahmenmitte, parallel zum vorderen Rahmenrohr. Bei Leichtmotorrädern war diese Bauweise noch lange anzutreffen. Die Mehrzahl der größeren Maschinen entsprachen aber bald der Standardform mit stehendem Zylinder.

In den späten zwanziger Jahren entwickelte sich von England ausgehend die Mode, den Motor schräg nach vorne geneigt einzubauen. Zu dieser Zeit nahm die Zahl der obengesteuerten Maschinen, bei denen der Ventiltrieb und die Ventile selbst ganz oben im Zylinderkopf saßen, schnell zu. Schräger Einbau brachte die "Kopf"-Masse ein wenig nach unten und senkte damit den Schwerpunkt.

Zum anderen sah der nach vorne ragende Zylinder einfach "schnell" aus. Initiiert wurde diese Richtung von der Firma BSA, die 1926 ihr Modell "Sloper" auf den Markt brachte. Es handelte sich um eine 500-ccm-ohv-Maschine, der später Varianten mit anderen Hubräumen und Ventilanordnungen folgten. Dieses Modell legte den Grundstein für die Reihe sportlicher Einzylinder-Mo-

BSA Sloper von 1928 mit modisch schräg gestelltem Zylinder (oben). Bei den großen Panther-Modellen von Phelon & Moore ersetzte der schräg gestellte Zylinder das vordere Rahmenrohr (unten)

delle, die in der berühmten Gold Star gipfelte. Sie kam - mit stehendem Zylinder - 1938 heraus und hatte ihre Glanzzeit in den fünfziger Jahren. In der Gold Star war die Kombination Einzylindermotor plus 500 ccm Hubraum plus Zweiventil-Kopf plus Stoßstangensteuerung auf ihrem Höhepunkt angelangt. Gold-Star-Modelle siegten in den Händen von Privatfahrern bei Moto Cross, Trial und Straßenrennen.

Der Firma Phelon & Moore kam die Sloper-Mode gerade recht. Der schräg nach vorne geneigte Zylinder war schon seit 1901 ihr zentrales Konstruktionsprinzip. In diesem Jahr hatte das Unternehmen unter dem Namen P & M sein erstes Motorrad auf den Markt gebracht, einen 600-ccm-Einzylinder. Das gewaltige, schräg nach vorne ragende Triebwerk übernahm die Rolle des fehlenden Rahmenrohrs. Die große P & M, später nur Panther genannt, gewann bald als Gespann-Zugpferd eine treue Anhängerschaft.

Sie erfuhr in den mehr als 60 (!) Jahren ihrer Produktion eine kontinuierliche Anpassung an aktuelle Standards. 1924 kam als wesentliche Neuerung eine ohv-Variante, deren Zylinderkopf mit dem oberen Rahmenrohr verschraubt war. Rund 40 Jahre später finden wir sie in ihrer letzten Version mit Telegabel vorne, Schwingenfederung hinten und einem Hubraum von 650 ccm. Flankiert von kleineren Zweitaktern, einem Roller und Viertaktern in konventionellen geschlossenen Rahmen war die Panther zu diesem Zeitpunkt ein typisch britisches Fossil, liebenswürdig, sinnvoll, erhaltenswert, aber ohne Chance auf dem neuen Zweirad-Markt, der nach Fun-, Big-, Super- und Hyper-Bikes verlangte.

HRD 1935

Englische Maschinen der dreißiger Jahre repräsentieren in weiten Kreisen der Oldtimer-Szene immer noch den klassischen Motorradbau schlechthin. Als Highlights gelten hierbei nicht nur die Produkte großer Firmen wie Norton, BSA oder Triumph, sondern auch Modelle, die von relativ kleinen Betrieben und in nur bescheidener Stückzahl gefertigt wurden. Zu dieser Kategorie zählt u. a. die Marke HRD Vincent.

Howard Rupert Davis gewann 1921 auf einer 350-ccm-Maschine von AJS die Senior TT (500-ccm-Klasse der Tourist Trophy). 1924 machte er sich selbständig und gründete eine Firma, um seine eigenen Motorräder herzustellen. Er nannte die neue Marke nach seinen Initialen H.R.D. 1925 gewann er wiederum die Senior TT, dieses Mal auf einer H.R.D. Die auf diese Weise bestens eingeführte Marke wurde schon 1928 wieder verkauft. Philip Vincent, ein junger Mann aus wohlhabendem Hause, erwarb die Fertigungsanlagen und konstruierte einen

HRD brachte zuerst einen großen Halbliter-Einzylinder, der dann später zum V-Motor erweitert und unter dem Namen Vincent legendär wurde

Rahmen mit Hinterradfederung, der in den folgenden Jahren verbessert wurde und Motoren von JAP, Villiers und Rudge (unter dem Namen Python) beherbergte.

1934 war Vincent dann in der Lage, auch ein Triebwerk eigener Fabrikation einbauen zu können. Es handelte sich um einen Halbliter-Viertakter von großer Leistungsfähigkeit und markanter Optik. Dazu trugen die beiden Hüllrohre für die Stoßstangen bei, die auf einem weit hochgezogenen Seitendeckel saßen und sehr kurz ausfielen, weil sie von einer "halbhoch" gelegten Nockenwelle betätigt wurden. Der Konstrukteur hatte also hohe Drehzahlen angepeilt. In der Tat war die neue Halbliter-HRD eine sportliche Maschine und der Ausgangspunkt für eines der ersten Superbikes der Motorradgeschichte, der 1000-ccm-Vincent, bei der zwei Halbliter-Triebwerke zu einem V-Motor kombiniert wurden. Der Einzylinder stand in der Version "Comet" noch bis 1955, als Vincent die Produktion aufgab, in den Listen.

Norton Halbliter-Maschinen von 1955: ES 2 (oben) und 19 R

Norton 1955

Zu den wenigen britischen Marken, die auf dem Motorradmarkt immer noch vertreten sind, zählt Norton. Heute laufen unter dieser Bezeichnung großvolumige Wankelmaschinen vom Band, früher trugen die weltberühmten Manx-Einzylinder-Rennmaschinen oder die "Dominator"- und "Commando"-Twins diesen Namen. Dank zahlreicher Rennerfolge haftete der Marke mehr als ein halbes Jahrhundert ein besonders sportliches Flair an.

James L. Norton hatte schon einige Erfahrung im Fahrradgeschäft, als er sich 1902 an sein erstes Motorrad wagte. Er griff dabei auf den französischen Clément-Einbaumotor zurück und verwendete später auch Triebwerke von Peugeot. Der erste eigene Motor entstand 1908. Der seitengesteuerte Einzylinder holte aus 633 ccm vier PS und hieß deswegen "Big Four". Er blieb Jahrzehnte im Norton-Programm. Gleiches gilt für das Modell 16 H (1911), ebenfalls seitengesteuert, das 490 ccm Hubraum besaß. Es rettete sich bis in die fünfziger Jahre. 1922 wandte sich Norton mit seinem neuen Modell "18" der (damals sportlichen) ohv-Technik zu.

1927 ging man einen Schritt weiter und stellte ein Halbliter-Königswellen-Triebwerk auf die Beine, das jahrzehntelang der Traum vieler Privatfahrer war. Es befeuerte die Werksmaschinen, die Straßenmodelle International und CS 1 und nach dem Krieg die legendären "Manx"-Maschinen. Im gleichen Jahr erschien die sportliche ES 2, ein

Nachfahre des Typs 18. Diese ohv-Halblitermaschine hielt sich bis ins Jahr 1966 und kam ab 1957 sogar in den Genuß des aufwendigen "Federbett"-Rahmens. Die abgebildete Maschine besitzt noch die alte Rahmenkonstruktion, verfügt aber schon über eine Hinterradschwinge.

Ducati 1960

Zwei Konstruktionsdetails sicherten den Fahrzeugen der norditalienischen Marke Ducati seit den fünfziger Jahren die besondere Beachtung der Motorrad-Szene. Zum einen die aufwendige Steuerung der Ventile über eine Königswelle, zum anderen die Kombination dieser Bauweise mit dem Prinzip der Desmodromik. Darunter versteht man die "Zwangssteuerung" der Ventile. Bei konventionellen Triebwerken werden die Ventile durch die Kraft eines Hebels oder Stößels geöffnet; das Schließen überläßt man im allgemeinen Federn, die die Ventile wieder gegen ihren Sitz pressen. Die Desmodromik zeichnet sich dadurch aus, daß die Ventile auch durch Hebel- bzw. Stößelbewegung geschlossen werden.

Dies erfordert eine komplizierte Mechanik im Zylinderkopf, garantiert aber exakte Steuerzeiten und verhindert, daß bei hohen Drehzahlen ein Ventil aufgrund der Trägheit der Feder "hängenbleiben" und auf den Kolbenboden aufschlagen kann. Königswelle und Desmodromik sind eigentlich auf der Rennstrecke zuhause. Ducati wagte es, beides auch in der Serie anzubieten, und hatte Erfolg damit. Das Unternehmen startete 1946 mit dem Viertakt-Hilfsmotor "Cucciolo", dem bald kleine ohv-Viertakter folgten. 1955 erschien das erste Modell mit Königswelle. Kein Viertel- oder Halbliter-Brummer, sondern eine kleine 100-ccm-Maschine! Eine 125-ccm-Version folgte schnell, 1956 kam eine 175-ccm-Variante hinzu. Dies waren alles Sportmaschinen, die frei käuflich und wahlweise im Renn- oder Straßentrimm gefahren wurden.

Über eine Zwischenstufe von 200 ccm erreichte die Ausgangskonstruktion 1961 das Viertelliterstadium. Als Modelle Diana, Monza oder Scrambler bot Ducati sie an. Die Nachfolger Mark III SS und Mach 1 lieferten in ihrer Klasse Fahrleistungen von Halblitermaschinen. 1965 standen 350 ccm Hubraum auf der Tagesordnung, 1968 auch in spezieller Scrambler-Ausführung lieferbar.

Dukati Mark III Desmo (oben). Die Einzylinder mit Königswellen-Steuerung deckten den Bereich zwischen 100 ccm und 450 ccm ab

1969 langte die Entwicklung der ohc-Einzylinder auf ihrem Höhepunkt an. Zum einen erschien ein auf 450 ccm Hubraum aufgebohrtes Modell; zum anderen hielt die Desmodromik, bislang den Rennmaschinen des Hauses vorbehalten, in die Serie Einzug.

Die leichten und schnellen Ducati-Einzylinder konnten japanische Viertakter das Fürchten lehren. Allerdings nur, was die Fahrleistungen anbelangt. In der Fertigung waren die Königswellen-Steuerung und erst recht die Desmodromik-Köpfe äusserst zeitraubend und teuer. Die Firma stellte deswegen 1976 die Fertigung der Einzylindermaschinen ein. Die 1970 vorgestellten großen Zweizylinder-Motorräder mit V-Motor behielten die Königswelle bis in die achtziger Jahre. Dann lösten einfache Zahnriemen die vertikalen Wellen mit ihren Kegelrädern, Distanzringen und Spiralverzahnungen ab. An der desmodromischen Steuerung hielten die Ducati-Techniker aber fest.

1908 war die kleine FN mit Kardanantrieb eine zukunftsweisende Konstruktion

FN 1908

In vielerlei Hinsicht nutzte das Motorrad technische Errungenschaften, die aus dem Fahrradbereich stammten. So auch bei der Frage des Antriebs. Im letzten Jahrzehnt des 19. Jahrhunderts überboten sich die Erfinder mit ihren Einfällen, Fahrräder zu konstruieren, die ohne Kette auskommen konnten. Der Kettenantrieb wurde anscheinend als unpraktisch angesehen, und die Patentlisten strotzten geradezu vor Alternativideen, die oft die Grenzen zum Grotesken überschritten.

Als sehr praktikabel erwies sich aber der Wellenantrieb des Hinterrades. Schon vor der Jahrhundertwende boten ihn einige Hersteller an. Darunter auch die belgische Firma FN, ursprünglich eine Waffenschmiede, die bald auch gediegene Fahrräder herstellte. 1901 stieg die Fabrique Nationale mit einem kleinen 133-ccm-Hüpfer ins Motorradgeschäft ein und revolutionierte diesen Markt drei Jahre später mit dem ersten Vierzylinder-Motorrad. Die vier Zylinder waren die eine Sensation; die andere der Kardanantrieb zum Hinterrad.

Er erwies sich als durchaus verkaufsfördernd, so daß 1908 der erste Einzylinder mit diesem Antrieb ausgerüstet wurde. So entstand ein zukunftsweisendes Motorrad: 247 ccm Hubraum, zwei gesteuerte Ventile, Kardanantrieb, Zweiganggetriebe, Kupplung, Magnetzündung und Vorderradschwinge gehörten zur Ausrüstung. Mit dieser Ausstattung begründete das Modell den Typ des hochwertigen und aufwendigen Motorrades in der kleinen Hubraumklasse.

Wanderer 1928

Viele jüngere Oldtimerfreunde kennen die Marke Wanderer nicht mehr. Kein Wunder: Schon 1929 wurde die Produktion eingestellt, in die Nachkriegszeit rettete sich kaum ein Fahrzeug.

1902 stellte die Chemnitzer Firma Wanderer ihr erstes Motorrad auf die Beine. Vorher hatte sie sich mit Fahrrädern, Schreibmaschinen und Kleinmaschinen schon eine solide finanzielle Basis geschaffen. Später (1911) kam noch eine Autofertigung hinzu, die die Zweiräder überleben sollte. Wanderer-Maschinen zeichneten sich von Anfang an durch einen hohen Konstruktionsaufwand und ein beachtliches Fertigungsniveau aus.

Dies galt für die Einzylinder-Viertakter und die großen V-Maschinen mit maximal 750 ccm Hubraum bis Mitte der zwanziger Jahre. Danach erschien ein kleiner 184-ccm-Viertakter, der nicht ganz ausgereift war, und schließlich eine große Halbliter-Maschine mit Kardanantrieb. Zeitgemäß saß der grosse Einzylinder-ohv-Motor in einem Preßstahlrahmen. Er leistete 17 PS und war möglicherweise durch die erfolgreichen BMW-Maschinen inspiriert worden, die dem eleganten Wellenantrieb einen Großteil ihres Erfolges verdankten.

Wanderer hatte mit dieser überhasteten Konstruktion aber kein Glück. Nach einem Jahr war man froh, daß sich ein tschechischer Fabrikant für das Modell interessierte und es mitsamt Fertigungsanlagen und Zeichnungen kaufte. Janacek hieß der Mann und formte aus seinem Namen und der alten Markenbezeichnung das neue Kürzel JAWA. Ein halbes Jahrhundert sollten diese vier Buchstaben ein Synonym für tschechische Motorräder werden. Unter der Bezeichnung Wanderer gab es später noch einige konfektionierte Motorfahrräder mit Sachs-Motor.

Wanderer folgte 1928 – glücklos – mit 500-ccm-Viertakter und Kardanantrieb BMW-Spuren

Zündapp 1935

Das Schicksal der Marke Zündapp darf als typisch für viele große Hersteller gelten, gleich ob sie aus Deutschland, Großbritannien oder Italien kamen. In den zwanziger Jahren war das Nürnberger Unternehmen, das aus einem Rüstungsbetrieb hervorging, mit dem richtigen Produkt (in diesem Fall ein robuster Zweitakter, der den Zeitgeschmack genau traf) dabei. Bis zum Zweiten Weltkrieg gelang es, das Angebot kräftig zu erweitern. Vom 175-ccm-Leichtmotorrad bis zum 800-ccm-Vierzylinder reichte die Palette.

Auch die fünfziger Jahre gestalteten sich recht erfolgreich. Mit Mittelklasse-Zweitaktern, Rollern und Mopeds war Zündapp kräftig am "Wirtschaftswunder" beteiligt. In den mageren Sechzigern fand das Unternehmen, mittlerweile nach München umgezogen, eine scheinbar krisensichere Marktnische: 50-ccm-Fahrzeuge in allen Variationen. Aber der härter werdende Konkur-

Eigenwillige Mischung: Zündapp K 350 mit Kardanantrieb, Kettengetriebe, Preßrahmen und Zweitaktmotor

renzkampf auf dem internationalen Zweiradmarkt eliminierte in den achtziger Jahren auch noch solche Schlupflöcher.

Das zuletzt wenig innovationsfreudige Unternehmen ging 1984 in Konkurs, wurde demontiert, die Anlagen in die Volksrepublik China verkauft. Standen im ersten und letzten Drittel der Firmengeschichte die einfachen Zweitakter im Mittelpunkt, so gab es in der Mitte doch eine Phase, in der Zündapp aufwendigere Technik lieferte. In den dreißiger Jahren entstand eine Modellreihe mit Blechpreßrahmen, in die Zwei- und Viertakter mit Ketten- und Kardanantrieb eingebaut wurden. 1935 kam die abgebildete K 350 heraus, die einen großvolumigen Zweitaktmotor mit einem Viergang-getriebe und dem Wellenantrieb zum Hinterrad kombinierte. Der Clou der Sache: Zum Hinterrad lief die Welle, im Getriebe aber arbeiteten vier Duplexketten!

BMW 1952

Einzylinder und Kardanantrieb - das war jahrzehntelang ein Synonym für die "kleinen" BMW-Maschinen. Ein auf Qualität bedachter Hersteller wie die Bayerischen Motoren Werke durfte, auch wenn er sich kleineren Hubräumen zuwandte, keine Billigmodelle liefern. So war es selbstverständlich, daß die 250-ccm-BMW, die 1925 dem Halbliter-Erstling von 1923 nachgeschickt wurde, genauso aufwendig gefertigt war wie die großen Modelle. Das hieß: gleiches Fahrwerk, gleicher Hinterradantrieb über Kardanwelle. In einem Punkt übertraf die R 39 sogar die Zweizylinder R 32: Sie verfügte über die drehzahlfeste ohv-Steuerung, während die R 32 noch seitengesteuert war.

Fast fünfzig Jahre blieben dann Einzylindermodelle im BMW-Programm. Alle mit ohv-Motoren, alle mit Wellenantrieb, alle mit jeweils überdurchschnittlichen Leistungen in ihrer Klasse. Es gab Ausführungen mit 200 ccm Hubraum (R 2, ab 1931), mit 400 ccm (R 4, ab 1932), mit 300 ccm (R 3, ab 1936) und mit 350 ccm (R 35, ab 1937).

Nach dem Zweiten Weltkrieg beschränkte sich die Münchener Firma auf die Viertelliterklasse. Zwischen 1949 (Modell R 24) und 1960 (R 27) stieg das Maschinengewicht von 130 kg auf 167 kg; die Motorleistung erhöhte sich von 12 PS auf 18 PS; aus einem geschraubten Starrahmen mit ungedämpfter Telegabel war ein aufwendiger Vollschwingenrahmen geworden, der den Motor in Gummielementen beherbergte. Das Konzept der Viertelliter-BMW war damit ausgereizt, das Publikum der sechziger Jahren scharf auf sportlichere Maschinen.

Anfang der fünfziger Jahre stellte dagegen eine R 25 mit 12 PS und Geradweg-Hinterradfederung ein solides Mittelklassemotorrad dar. Man konnte einen Seitenwagen anhängen und das Ganze zur Not sogar mit drei Personen beladen.

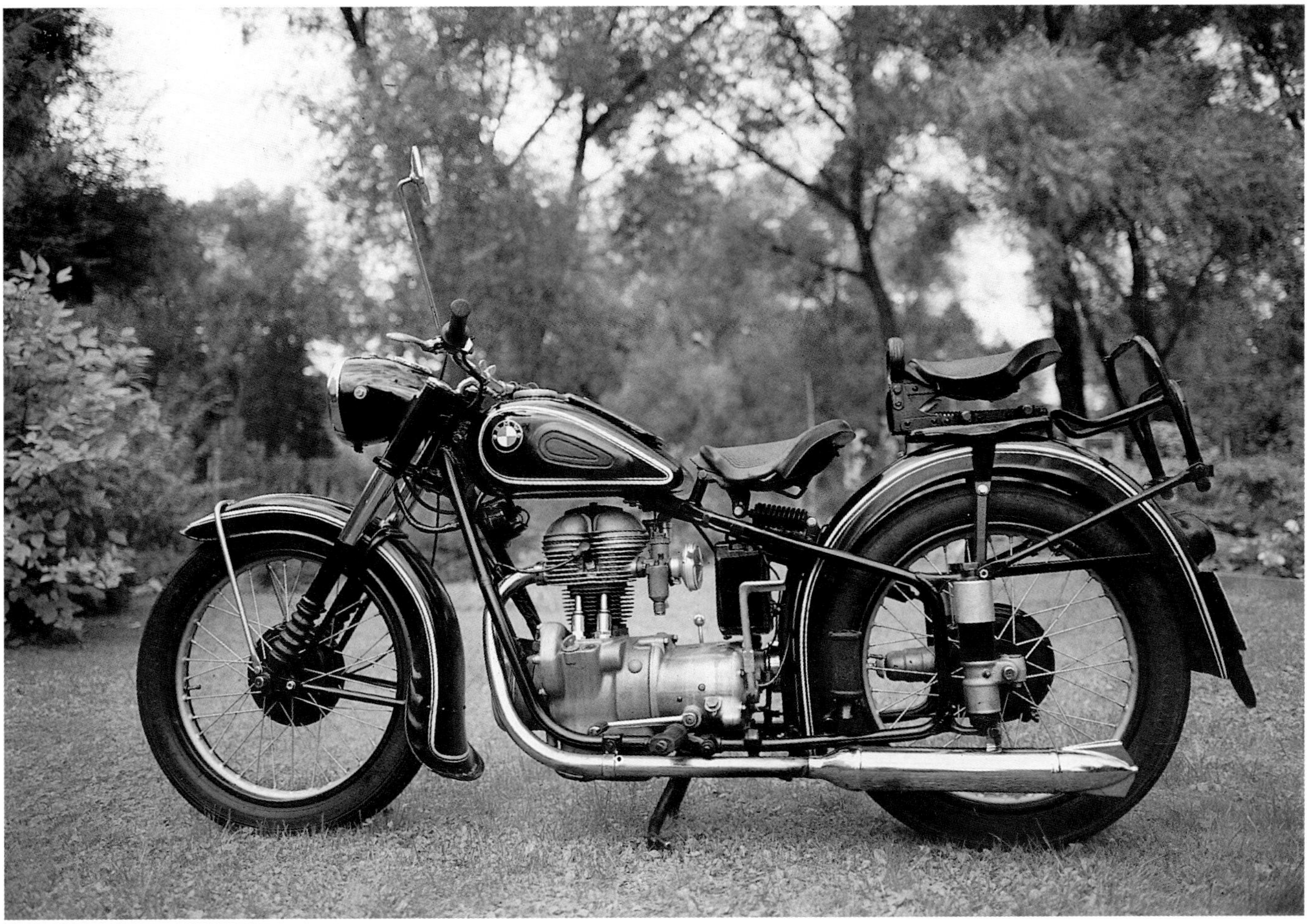

Fünfziger Jahre-Klassiker: BMW R 25

Moto Guzzi 1939

Die italienische Firma Moto Guzzi hat im Lauf ihrer Geschichte zahlreiche Modelle unterschiedlicher Konzeption herausgebracht. Ihr deutlichstes Profil erreichte sie mit zwei Grund-Entwürfen: dem V-Zweizylinder und dem Einzylinder-Modell mit dem liegenden Zylinder. Das Einzylindermodell brachte die Firma des jungen Kriegsheimkehrers Carlo Guzzi ins Motorradgeschäft. 1920 hatte er einen Prototypen entworfen. Eine besonders flache Maschine mit sehr niedrigem Schwerpunkt, erzielt durch den Einbau eines genial konzipierten Motors. Er umschloß schon ein Dreiganggetriebe in einem Block, besaß einen halben Liter Hubraum und einen liegend angeordneten Zylinder, der sein heißestes Teil - den Zylinderkopf - direkt in den kühlenden Fahrtwind streckte. Eine Königswelle steuerte zwei Einlaß- und zwei Auslaßventile.

1921 ging die Maschine in Serie. Die Königswelle war allerdings einer konventionellen ioe-Steuerung gewichen. Noch in den siebziger Jahren finden wir die direkten Nachkommen dieses Erstlings im Guzzi-Programm. Als "Nuovo Falcone" und "Sahara" wurden 500-ccm-Viertakter angeboten, nun zwar mit Vierganggetriebe und hängenden Ventilen, aber deutlich von der Ur-Guzzi abgeleitet. In den dazwischenliegenden Jahrzehnten produzierte Moto Guzzi diverse Varianten dieser wandlungsfähigen Konzeption. Das kleinste Triebwerk besaß einen Hubraum von 160 ccm (Roller Galetto), dann folgten Versionen mit 175 ccm (Modell P 175) und 250 ccm (Modelle P 250 und Airone) und schließlich zahlreiche

Mehr als ein halbes Jahrhundert baute Moto Guzzi Viertakter mit liegendem Zylinder. Hier eine Sportversion von 1939

Halbliter-Spielarten (Typen Normale, Sport, GT, S, Astore, Falcone). Das Guzzi-Triebwerk wirkte stilbildend im In- und Ausland. In Deutschland ließen sich die Wanderer-Werke inspirieren, in Italien griffen nach dem Krieg Motobi und Aermacchi auf die Idee Carlo Guzzis zurück.

Wanderer 1926

Moto Guzzis Erstling von 1921 wirkte ansteckend. Zahlreiche Konstrukteure schufen in den zwanziger Jahren liegend eingebaute Einzylindermotoren. Die Traditionsfirma Wanderer aus dem sächsischen Chemnitz hatte sich 1925 etwas Besonderes ausgedacht. Man übernahm von Guzzi die Grundidee des liegenden Einzylinder-Viertakters mit integriertem Getriebe (Blockmotor). Im Gegensatz zu den Italienern beschränkten sich die Sachsen auf bescheidene 184 ccm Hubraum. Mit Hilfe höherer Drehzahlen und besserer Zylinderfüllung wollten die Wanderer-Techniker auch auf eine überzeugende Leistung kommen.

Deswegen erhielt der kleine Viertakter eine (damals recht sportliche) ohv-Steuerung und einen Zylinderkopf mit vier Ventilen. Der erhoffte Erfolg blieb aber aus. Also stutzten die Konstrukteure den Kopf wieder auf die üblichen zwei Ventile zurück, erhöhten den Hubraum um eine Kleinigkeit auf 196 ccm und hatten damit wesentlich bessere Karten. Ebenso verfuhren sie beim grossen Bruder mit 708-ccm-V-Motor.

Die 198-ccm-Wanderer ist heute bei Veteranen-Rallyes mit Schwerpunkt auf der Vorkriegszeit ein gerne und relativ häufig gesehener Gast.

Von Guzzi inspirierte 200-ccm-Wanderer von 1926

Sie repräsentiert in der Klasse der "kleinen Hüpfer" das aufwendige Alternativangebot eines renommierten Herstellers gegenüber den simplen und billigen Zweitaktern, die damals ihren großen Durchbruch erlebten. Hersteller wie BMW (R 2) und NSU (OSL 200) konnten sich einige Jahre später, als die 200-ccm-Klasse führerscheinfrei wurde, auch mit teuren Viertaktern behaupten. Wanderer war zu diesem Zeitpunkt schon aus dem Rennen ausgeschieden.

Aermacchi 1973

Neben Moto Guzzi kultivierten zwei weitere italienische Hersteller den Einzylinder-Viertakter in horizontaler Bauweise: Motobi und Aermacchi. Letztere Firma stammt eigentlich aus der Flugzeugbranche und wandte sich nach Ende des Zweiten Weltkriegs notgedrungen zivilen Produkten zu. Zuerst entstanden kleine Zweitakter, Zwittermaschinen, halb Roller, halb Motorrad.

1956 begann für die Aeronautica Macchi das Viertaktzeitalter. Ein futuristisches, ganz verschaltes Motorrad namens Chimera erblickte das Licht der Öffentlichkeit. Ein liegend eingebauter 175-ccm-Viertakter mit ohv-Steuerung diente als Antriebsquelle. 1958 stieg der Hubraum auf 250 ccm, die Verschalung fiel bald weg, 1960 wurde das Triebwerk auf 350 ccm aufgeblasen. Grund dafür war der Exportmarkt

Die Aermacchi im Endstadium unter dem Harley-Banner

USA, wo 175 ccm oder 250 ccm so gut wie nichts sind. In den USA wurden die Aermacchis von Harley-Dealern vertrieben, denn Harley Davidson war 1960 bei Aermacchis mit 50 % eingestiegen. Zum "Aermacchi"-Schriftzug gesellte sich nun der Zusatz "Harley-Davidson".

Zehn Jahre später schluckten die Amerikaner auch den Rest der italienischen Firma, und das Tankemblem lautet folgerichtig nur noch AMF Harley-Davidson. Die 350er war mittlerweile stark "amerikanisiert" worden. Der unten offene Aermacchi-Rahmen war einer Doppelschleifen-Konstruktion gewichen, hoher Lenker und Tropfentank waren weitere Stilmittel, um der US-Kundschaft zu signalisieren: dies ist ein Motorrad. 1974 wurde der Viertakter durch Zweitaktmodelle ersetzt, 1978 das Werk verkauft. Cagiva hieß die neue Marke, die das Aermacchi-Erbe fortführte.

DKW 1920

Steil und kurvig sind die Straßen im Erzgebirge. Radfahrer sehnen sich bald nach ein wenig Schub von hinten. Der Fabrikant Jürgen Skafte Rasmussen aus Zschopau bot ab 1920 tretmüden Radlern ein kleines Anbaumotörchen an, das den nöti-

Mit diesem Hilfsmotor fing DKW 1920 an

Rasmussen hatte ursprünglich Dampfkesselarmaturen hergestellt, später einen Dampfkraftwagen konstruiert. Dieses Produkt kürzte er zu DKW ab und nannte sein Unternehmen danach. Als sein Konstrukteur Hugo Ruppe 1918 einen 18-ccm-Spielzeugmotor konstruierte, deutet er die drei Buchstaben zu "Des Knaben Wunsch" um. Und als dieses kleine Triebwerk auf 118 ccm angewachsen und zum Fahrrad-Hilfsmotor mutiert war, bekam es die Bezeichnung "Das Kleine Wunder". "Läuft bergauf wie berghinunter" versprach die Werbung.

gen Rückenwind liefern sollte. Über dem Gepäckträger montiert trieb es das Hinterrad per Keilriemen an. "Bettflasche" und "Arschwärmer" hieß das Triebwerk im Volksmund.

Im Gegensatz zu vielen ähnlichen Produkten, die zu dieser Zeit auf den Markt kamen, hielt Rasmussens Motor, was die Werbung versprach. Rasmussen stockte bald auf, lieferte Spezialfahrgestelle für das Triebwerk, erhöhte den Hubraum und stellte die ersten Leichtmotorräder auf die Beine. Bald standen größere Maschinen auf der Produktionsliste. Allen Konstruktionen gemeinsam war das Zweitaktprinzip. Dieses erfreute sich vor dem Ersten Weltkrieg in Deutschland keiner großen Wertschätzung. In den frühen Zwanzigern wurde es immer noch mit Mißtrauen betrachtet. Rasmussens Verdienst lag darin, konsequent solide, zuverlässige und preisgünstige Zweitaktmaschinen gebaut und damit diesem Arbeitsprinzip in Deutschland zum Durchbruch verholfen zu haben. Sein Schaden sollte es auch nicht gewesen sein: das Zschopauer Werk entwickelte sich zu einem der größten Motorradhersteller der Welt.

DKW 1924

In den zwanziger Jahren entwickelte sich das Motorrad, davor lange Zeit ein Spielzeug reicher oder abenteuerlustiger Leute, zum Massenverkehrsmittel. Die rationelle Fließ-

Bald folgten echte Leichtmotorräder ohne Fahrrad-Flair (DKW ZL von 1924)

bandfertigung ermöglichte kostengünstig große Stückzahlen. Viertakter oder gar Mehrzylindermotoren waren aber immer noch relativ aufwendig zu montieren und kamen damit im Verkauf entsprechend teuer. Erst die Kombination des rationalisierten Betriebsablaufs mit einer "passenden" Konstruktionsidee führte zu billigen, leistungsfähigen und zuverlässigen Fahrzeugen für die große Masse. Die Konstruktionsidee war der kolbengesteuerte Zweitakter, der auf die komplizierten Steuerungsteile, die ein Viertakter benötigt, verzichten kann. Und DKW war der Hersteller, der dies in großem Maßstab kommerzialisierte.

Ende der zwanziger Jahre galt DKW als größter Motorradhersteller der Welt. Ein kometenhafter Aufstieg vom ersten Hilfsmotor des Jahres 1920! Das erste richtige Motorrad lieferte Zschopau 1924. Zuvor hatte es merkwürdige Rollerkonstruktionen namens Golem und Lomos (1921) und ein Leichtkraftrad (1922) gegeben, in dem eine auf 143 ccm Hubraum erhöhte Version des Hilfsmotors arbeitete, schräg ins obere Rahmendreieck eingebaut und am Lenkkopf befestigt. Als "Reichsfahrtmodell" wurde es populär.

1924 entstand ein neues Fahrwerk, nun deutlich nach Motorrad aussehend. Der 143-ccm-Motor wurde stehend eingebaut, Trittbretter ersetzten die Pedale, eine Riemen-Kupplung erleichterte Anfahren und Halten. ZL hieß dieses Modell, dem im gleichen Jahr die ZM folgte, eine 175-ccm-Version mit Kickstarter, Zweiganggetriebe und Gebläsekühlung.

Bekamo 1922
TX 1923

DKW-Gründer Rasmussen sah im Zweitaktmotor vor allem die einfache, billig herzustellende und bei präziser Fertigung auch zuverlässige Antriebsquelle. Sein Konstrukteur Hugo Ruppe wollte sich damit nicht begnügen. Ihn reizten die Leistungsreserven, die in dieser Bauweise stecken. Um Zweitaktmotoren zu hohen Leistungen zu bringen, nutzt

Ein Inserat von 1924

Bekamo 1922 (oben) und TX 1923

man heute die Kenntnisse über die Schwingungsvorgänge im Motor aus und kann durch Abstimmung von Ansaug- und Abgaswegen erstaunliche Ergebnisse erzielen. In den frühen zwanziger Jahren meinte man, die Triebwerke mit zusätzlichen Bauteilen ausrüsten zu müssen, um zu höheren Drehzahlen und besserer Zylinderfüllung zu gelangen. Ruppe war - wie viele andere Konstrukteure - der Ansicht, daß der Wirkungsgrad größer werde, wenn man den Motor nicht nur aus eigener Kraft Gemisch ansaugen lasse, sondern mit einer externen Pumpe nachhelfe. Er konstruierte die Pumpe als einen zweiten Zylinder, der dem Arbeitszylinder gegenüber auf der anderen Seite des Kurbelgehäuses saß. In ihm ging ein zusätzlicher Kolben gegenläufig zum Arbeitskolben auf und ab. Er verbesserte zum einen die Ansaugwirkung durch Erhöhung des Unterdrucks, zum anderen die Spülung und Zylinderfüllung, was durch eine besondere Formung des Kolbens unterstützt wurde.

Ein solch kompliziertes Aggregat zu bauen reizte den Techniker Ruppe, nicht aber den Kaufmann Rasmussen. Ruppe verließ deswegen DKW und gründete eine eigene Firma. Er nannte sie Berliner Kleinmotoren-Aktien-Gesellschaft (Bekamo). Ab 1922 fertigte er dort die Bekamo-Motorräder. Der patentierte 129-ccm-Zweitakter mit "Kurbelkastenpumpe und Spülluftvorlagerung" saß in einem verstärkten Eschenholzrahmen und brachte die damals beachtliche Leistung von 3,5 PS bei 3600 U/min.

Die Vermarktung dieses Konzepts stieß auf Schwierigkeiten. Zum einen war das Motorrad zu teuer in der Herstellung; zum anderen ließ die Inflation - 1923 schon galoppierend - genaue Kalkulation und Betriebsrechnung nicht zu. Ruppe konstruierte noch einen konventionellen Rohrrahmen für sein Fahrzeug, mußte die eigene Produktion aber bald aufgeben.

Immerhin übernahmen einige Firmen die Lizenzfertigung des Bekamo-Triebwerks, darunter auch der Berliner Taxameter-Hersteller Westendarp & Pieper. Unter dem Namen TX erhielt der unkonventionelle Ruppe-Motor ein ebenso unkonventionelles Fahrgestell. Das TX-

Fahrwerk bestand im wesentlichen aus einem nahtlos gezogenen Mannesmann-Rohr, das als Rahmenrückgrat und Tank diente, und einer Vorderradgabel aus Blechpreßteilen. 129-ccm- und 173-ccm-Motoren kamen zum Einbau. Die Westendarp-&-Pieper-TX wurde etwa drei Jahre gebaut. Dann hatte Ruppe mit Kompagnon in der Tschechoslowakei eine neue Firma gegründet, um wieder Bekamo-Motorräder herzustellen. Er griff dabei auf die TX-Rahmen zurück. Wiederum kam die Produktion nicht in Gang und wurde nach zwei Jahren eingestellt.

Dunelt 1927

Mit den späten zwanziger und frühen dreißiger Jahren verbinden viele Oldtimer-Freunde hauptsächlich die großen Einzylinder-Viertakttriebwerke, die allgemein als klassische Konstruktionen gelten. Gerade in diesen Jahren experimentierten Konstrukteure und Hersteller mit verschiedenen Formen von Zweitaktmotoren, so daß aus dem genannten Zeitraum einige "klassische" Zweitakter erhalten sind.

Neben der Standardform mit Gemisch-Vorverdichtung im Kurbelgehäuse und Nasenkolben stoßen wir auf zahlreiche Versuche, die Leistung mit Hilfe unterschiedlicher Vorrichtungen zu steigern: Mit Ladepumpen wie bei den Bekamo-Triebwerken; mit Doppelkolben wie bei Garelli und den späteren DKW-Rennmaschinen; mit Aufsatzkolben beim Hersteller Schliha; mit dem Radialspülungs-Wulstkolben der Frankfurter Dolf-Maschinen und schließlich mit Stufenkolben, die
die englische Firma Dunelt (Dunford & Elliot) immerhin fast zehn Jahre fertigte.

Ein Stufenkolben sollte dem Dunelt-Zweitakter zu mehr Leistung verhelfen

Letztere Bauweise sei kurz beschrieben: der Nasenkolben hat zwei verschiedene Durchmesser; der untere Teil – die sogenannte Stufe – ist dicker und läuft in einer größeren Bohrung. Damit kann er im Verhältnis zum oberen Kolbenteil einen größeren Unterdruck im Kurbelgehäuse schaffen, d. h., die Füllung verbessern.

In der Praxis litt der Stufenkolben unter Wärme- und Schmierungsproblemen; das Material unmittelbar an der Stufe war auch wesentlich stärker belastet als der übrige Kolben. Zudem stellt sich die Frage, wie der Hubraum dieses Triebwerks berechnet werden sollte: nach dem Verbrennungsteil der Bohrung oder nach dem Ansaugteil? Der Hersteller bezog sich natürlich auf den kleineren Hubraumwert und konnte dann imposante Leistungen vorweisen. Errechnet man ihn aber aus Ansaugbohrung mal Hub, ist die Ausbeute nicht mehr so berauschend.

Fichtel & Sachs 1938

In einem Kapitel über klassische Einzylindermotoren dürfen natürlich die kleinen Zweitakt-Triebwerke der Motorfahrräder nicht fehlen. Unter Motorfahrrädern oder "Mofas" verstand man zwischen 1930 und 1960 keine Fahrräder mit Hilfsmotor, sondern Leichtmotorräder, die sich in Optik und Technik noch einige Fahrrad-Details bewahrt hatten. Zum Beispiel die große 26-Zoll-Bereifung, die Pedalstartanlage oder die Durchstiegsrahmen bei den Damenmodellen. In den dreißiger und frühen fünfziger Jahren boten mehrere Dutzend Hersteller Motorfahrräder an. Sie griffen dabei fast alle auf den 98-ccm-Einbaumotor von Fichtel & Sachs zurück. Dieses Triebwerk kam während seiner Fertigungszeit auf ca. eine Million Exemplare und darf damit sicherlich einen herausragenden Platz in der Geschichte des Motorrades beanspruchen. Seine Konzeption war einfach und genial: ein 98-ccm-Zweitakttriebwerk mit Kupplung und integriertem Zweiganggetriebe, stärker und zuverlässiger als die bisherigen Hilfsmotoren, aber einfacher zu bedienen als die leichten Motorradtriebwerke. Die präzise Fertigung des Naben- und Lagerherstellers F & S garantierte Langlebigkeit und Zuverlässigkeit. Das motorisierte Zweirad erfuhr damit die entscheidende Wandlung zum Massenverkehrsmittel für jedermann.

1930 erschien die erste Version des Sachs-Motors, noch mit 74 ccm Hubraum und 1,25 PS Leistung. 1932 wurde auf 98 ccm und zwei PS Leistung aufgestockt. Die Fahrwerke ähnelten klassischer Fahrradbauweise, besaßen aber alle kräftigere Rohre und Muffen und verfügten über Vorderradfederung. Nach dem Krieg erhielten sie statt der alten Tank- eine Lenkerschaltung, zuweilen auch schon Kickstarter und Telegabel. Die 1953 eingeführten 50-ccm-Mopeds machten den Motorfahrrädern Mitte der fünfziger Jahre den Garaus.

Damen-Motorfahrrad mit Sachs-Motor von Wanderer (1938)

Klassische Einzylindertechnik aus den fünfziger Jahren: die elegante und technisch überzeugende Horex Regina, ein Senkrechtstarter auf dem deutschen Nachkriegsmarkt

Motorräder mit V-Motor

Das erste Serienmotorrad der Welt, die Hildebrand & Wolfmüller von 1894, besaß einen Parallel-Zweizylinder-Motor. Die nächste Generation von Maschinen, die schon wesentlich praktischer und zuverlässiger in der Handhabung waren, beschränkte sich meist auf einen Zylinder. Als nach der Jahrhundertwende ein oder zwei PS nicht mehr genügten, kam der V-Motor zu Ehren. Sein wesentlicher Vorteil: er beanspruchte deutlich weniger Platz als ein Boxer, baute schmaler als ein Parallel-Zweizylinder und paßte, wenn der Gabelwinkel nicht zu weit ausfiel, genau ins Rahmendreieck zwischen Sattel- und vorderes Rahmenrohr.

Bis in die dreißiger Jahre waren große Maschinen mit V-Triebwerken gängige Erscheinungen auf dem Motorradmarkt. Die Hubräume lagen im allgemeinen zwischen 350 ccm und 1000 ccm. Seitengesteuerte Versionen zogen Seitenwagen, für sportlich orientierte Fahrer standen ohv-Modelle bereit. In den USA errangen die V-Maschinen von Indian und Harley fast eine Monopolstellung, während auf dem europäischen Kontinent der Parallel-Twin die V-Anordnung langsam verdrängte, bis sie in den Fünfzigern und Sechzigern fast Seltenheitswert besaß. Die italienischen Hersteller Moto Guzzi und Moto Morini popularisierten quer und längs eingebaute V-Zweizylinder in den siebziger Jahren, und schließlich griffen auch japanische Hersteller wieder auf dieses Konzept zurück.

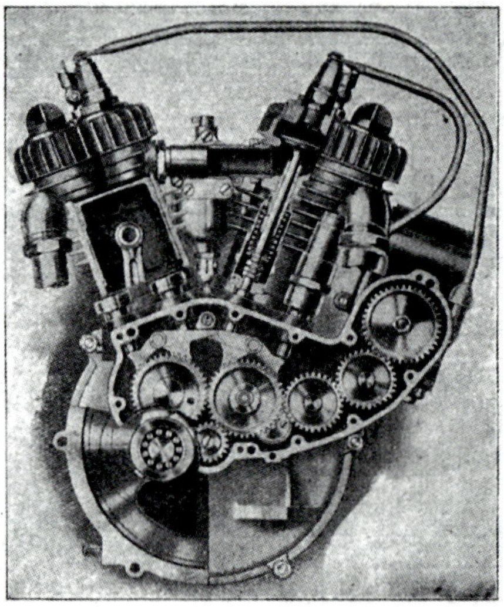

Motorschnitt der Indian Scout

NSU 1919

Die Neckarsulmer Fahrradwerke lieferten ab 1901 neben den Drahteseln Motorräder, 1905 auch schon Zweizylinder-Maschinen mit V-Motor. Vor dem Ersten Weltkrieg reichte die V-Palette der Firma, die nach 1911 "Neckarsulmer Fahrzeugwerke" hieß, von 315 ccm bis zum vollen Liter Hubraum. In der Mittelklasse fand sich ein Halbliter-Modell, das für seine Zeit eine erstaunliche Vielfalt an "modernen" Ausstattungsdetails besaß.

Die Maschine hieß bei ihrer Vorstellung 1913 offiziell "NSU 3 1/2 PS", bald darauf aber "Heeresmodell", denn relativ große Stückzahlen gingen an das Militär. Das Motorrad konnte mit Federung beider Räder aufwarten; vorne arbeitete eine Kurzschwinge mit zentraler Feder am Steuerkopf, hinten eine Langschwinge mit Zentralfeder am Sattelrohr. Das Triebwerk war wechselgesteuert, besaß also ein stehendes Auslaß- und ein hängendes Einlaßventil. Auf der rechten Motorseite befand sich eine Pedaliervorrichtung zum Starten; links saß auf dem Kurbel-

Auch NSU gehörte zu den Herstellern, die in der mittleren und oberen Hubraumklasse auf den V-Motor setzten (1919)

Wanderer von 1921. Vor dem Ersten Weltkrieg eine noble V-Marke, ab Mitte der Zwanziger Jahre von der Konkurrenz verdrängt

wellenstumpf eine Riemenscheibe, die es in sich hatte. NSU nannte die Konstruktion "untersetzte Doppelübersetzung", worunter sich ein Zweigang-Planetengetriebe verbarg.

1919 erschien dieses Modell in ziviler Ausführung und mit kleineren technischen Änderungen. 1923 wich die "Doppelübersetzung" auf der Kurbelwelle einem Zweiganggetriebe. 1924 trat eine Dreigangausführung an dessen Stelle, und die Maschine erhielt statt des Keilriemens eine Kette zur Kraftübertragung, womit die größeren Modelle schon vorher ausgerüstet worden waren. Im Jahre 1928 finden wir die 500-ccm-V-Motorräder zum letzten Mal im NSU-Katalog. Schon vorher war die Fertigung der 750- und 1000-ccm-Versionen eingestellt worden.

In Form der Halblitermaschine trat damit eine Konstruktion ab, die den Neckarsulmern 20 Jahre gute Umsätze, einen hervorragenden Ruf und zufriedene Kunden beschert hatte. Sportliche ohv-Einzylinder und kleine Zweitakter setzten diese Tradition in den dreißiger Jahren fort.

Wanderer 1921

In der Einzylinder-Abteilung wurde schon grob die Firmenentwicklung der Marke Wanderer skizziert. War dort aber eher von problematischen Konstruktionen und der Niedergangsphase des Unternehmens die Rede, soll hier ein Glanzpunkt aus Chemnitzer Produktion vorgestellt werden: die große V-Zweizylindermaschine.

Nachdem der Fahrradhersteller Wanderer 1902 das erste Motorrad, von einem Einzylinder-Viertakter angetrieben, vorgestellt hatte, weitete er 1909 das Angebot auf eine große Zweizylinder-Maschine aus. Sie verfügte schon über Vorder- und Hinterradfederung. Der Hubraum betrug 408 ccm. Nach dem Ersten Weltkrieg kam eine größere Variante mit 616 ccm und stehenden Ventilen hinzu. Auf 708 ccm brachte es die nächste Variation des Themas V-Motor aus dem Hause Wanderer. 1925 tauchte sie auf und überraschte mit sehr modernen Konstruktionsdetails. Dazu gehörten die Vierventil-Zylinderköpfe, die ohv-Steuerung und der Blockmotor mit integriertem Getriebe. 1926 war der Hubraum auf knapp 750 ccm angewachsen, dafür verschwand die Hälfte der Ventile wieder.

Wie vielen anderen Marken aus der Pionierzeit des Motorrades ging Wanderer nach einem Vierteljahrhundert die Puste aus. Newcomer wie Zündapp, DKW oder BMW, erst nach dem Ersten Weltkrieg gegründet, nahmen das Heft in die Hand und erzielten mit modernen Konstruktionen und neuen Fertigungstechniken große Umsätze.

Indian Standard von 1922

Indian 1922

In den USA nahm die Entwicklung des Motorradmarktes von Anbeginn eine andere Wendung als in Europa. In der Pionierphase stoßen wir auf zahlreiche Firmen, die an ganz verschiedenen Konzepten bastelten, bald hatte sich die Schar der Anbieter aber gelichtet. Zu groß war der Druck der Automobilindustrie, als daß auf dem Fahrzeugsektor mehr als Nischen übrigblieben. Und wer sich auf dem Motorradsektor halten konnte, zahlte dem Auto weiterhin Tribut: mit kleinen Hüpfern war kein Staat zu machen, gefragt waren mächtige Maschinen, die den vierrädrigen Konkurrenten in Leistung und Langstreckentauglichkeit in nichts nachstanden.

In den dreißiger Jahren, als in Deutschland der nationalsozialistische Staat eine "Typenbereinigung" durchführte und auch auf diesem Sektor "Minderwertiges" auszumerzen versuchte, hatte in den USA die reine Marktentwicklung zu ganz ähnlichen Resultaten geführt. Die Motorradindustrie bestand nur noch aus zwei Firmen - Harley-Davidson und Indian. Bis auf kleine Exoten hatten sich alle anderen Hersteller bereits früher verabschiedet. Beide Firmen boten die großen V-Zweizylinder an, beide Firmen kämpften um Behörden- und Militäraufträge, und beide Firmen ahnten, daß auf Dauer nur für eine von ihnen Platz war.

Wie wir heute wissen, sollte dies Harley-Davidson sein. Indian trat in den Fünfzigern ab und hinterließ einen Namen, der in der heutigen Veteranenszene oftmals höhere Wertschätzung genießt als der des Konkurrenten. Indian besaß in diesem Zweikampf anfänglich sogar einige Vorteile. Die Firma war 1897 von G. M. Hendee als Fahrradfabrik gegründet worden. Hendee tat sich mit dem Motorrad-Konstrukteur C. O. Hedstrom zusammen, und 1901 präsentierten sie ihr erstes Motorrad, eine Einzylindermaschine. 1907 kamen die ersten V-Motorräder dazu, bis zum Ausbruch des Ersten Weltkrieges explodierte die Indian-Produktion geradezu. Noch Anfang der zwanziger Jahre war vom "größten Motorradwerk der Welt" die Rede, womit aber wahrscheinlich nur die Kapazität, nicht die Produktion gemeint war.

Die großen V-Twins von Indian lassen sich in vier Gruppen unterteilen. Zwischen 1907 und 1914 entstanden die von Hedstrom entworfenen Maschinen mit automatischem Einlaß bzw. ioe-Steuerung und Hubräumen von 630 ccm bis 1000 ccm. 1914 führte Indian seitengesteuerte Motoren ein, was sich bis Produktionsende nicht mehr ändern sollte. Powerplus bzw. Standard hieß die erste Generation mit sv-Steuerung, bis 1924 im Katalog und mit Hubräumen von 1000 ccm und 1200 ccm offeriert.

1920 erschien das 600-ccm-Modell Scout, für amerikanische Verhältnisse eher ein kleines Motorrad, das aber aufgrund seiner extrem zuverlässigen und robusten Triebwerkstechnik den größeren Maschinen der Konkurrenz das Wasser abgrub. Die verschiedenen Scout-Modelle blieben bis 1944 im Indian-Programm. Sie erhielten mehrfach neue Fahrwerke, wurden auf 500 ccm Hubraum reduziert (Pony Scout, Junior Scout) oder auf 750 ccm aufgestockt (Scout, Sport Scout)

Seitengesteuertes Triebwerk der Standard

und motortechnisch einige Male überarbeitet. 1922 gesellten die Indian-Techniker der Scout eine Maschine mit ähnlicher Triebwerkstech-

Indian Chief von 1946. In den ersten Jahren nach dem Zweiten Weltkrieg hauchte der alte Häuptling sein Leben aus

Indian Scout von 1929

nik, aber deutlich größerem Hubraum zur Seite. "Chief" (Häuptling) nannten sie dieses Modell. Die erste Ausführung verfügte über 1000 ccm Hubraum, 1924 kam die 1200-ccm-Version. Bis 1940 war der einst sehnige Häuptling zu einer gewichtigen Persönlichkeit gereift. In vollem Ornat mit den riesigen Kotflügeln, den dicken Ballonreifen, der Hinterradfederung und der luxuriösen Ausstattung wirkte er gesetzt, fast ein wenig träge.

Nach dem Zweiten Weltkrieg und größeren Lieferungen an das Militär wagte sich Indian mit Ein- und Zweizylinder-Neukonstruktionen europäischen Zuschnittes noch einmal aufs Motorrad-Parkett. Die 1946 vorgestellte Baureihe versagte aber kläglich. Also mußte wieder der Alte ran. So entstanden noch einmal einige Tausend Chief-Modelle, darunter ca. 3 500 Maschinen mit 1313 ccm Hubraum. 1953 zog sich der greise Häuptling in die ewigen Jagdgründe zurück. Der Name Indian ging daraufhin auf Wanderschaft. Man hielt ihn für derartig zugkräftig, daß man ihm fast alles zutraute: englische Parallel-Twins von Royal Enfield oder Matchless zu verkaufen, die deutsche Ingenieurkunst Friedel Münchs zu versilbern, japanische Zweitakt-Spielzeuge loszuschlagen und schließlich Unterwäsche, Socken und Pudelmützen in US-Warenhäusern zu verramschen.

In regelmäßigen Abständen hört man von kapitalkräftigen Enthusiasten, die die Rechte am Markennamen erworben haben und nach langer Pause wieder echte Indians mit großen V-Motoren herstellen wollen. Die Besitzer klassischer Maschinen sehen das mit Gelassenheit. Wenn es erstmal Kopien gibt, werden die Originale erfahrungsgemäß noch wertvoller. Hauptsache, der Name bleibt künftig von Mopeds, Minibikes und Kindermotorrädern verschont.

Harley Davidson 1927

Über viele Jahre hinweg schien Harley Davidson den V-Zweizylindermotor für sich gepachtet zu haben. Wann immer andere Hersteller sich an diese Bauweise wagten, war der Vergleich mit den großen Zweizylindern aus Milwaukee unvermeidlich. Gingen Entwürfe in die klassische Richtung, war schnell von Kopien oder faden Aufgüssen die Rede.

Dabei hat Harley-Davidson selbst alle möglichen Konzepte ausprobiert und ist dabei oft in fremden Gewässern fischen gegangen: So entstanden Zweitakter á la DKW, Boxermotoren á la Douglas und Einzylinder-Viertakter mit englischen Elementen. Das Beharren auf dem großen ohv-Zweizylinder war lange Zeit ein halsstarriges Vabanque-Spiel: immerhin endete es glücklich, heute kann die Firma ihre alten Entwürfe mit neuer Technik vermarkten.

Zwischen etwa 1950 und 1980 mußte sich Harley erst der Angriffe der großen englischen Twins, dann der japanischen ohc-Motoren erwehren. In der Zeit vor dem Zweiten Weltkrieg duellierte sich Harley Davidson mit dem großen Rivalen Indian. Beide Firmen boten V-Maschinen bis 1200 ccm Hubraum, wuchtige Technik und ein interkontinentales Händlernetz. Daß sich Harley auf lange Sicht durchsetzte, lag wahrscheinlich daran, daß die Eigentumsverhältnisse des Unternehmens stabiler waren und das Management am Produkt Motorrad festhielt. Bei Indian wechselten die Besitzer häufig und favorisierten mal diesen, mal jenen Produktionszweig.

Technisch gesehen standen sich in den zwanziger Jahren mit Scout- und Chief-Maschinen von Indian und Harleys F- und J-Modellen ebenbürtige Gegner gegenüber. Indian bot allerdings schon die moderne sv-Technik, Harley hielt an den wechselgesteuerten ioe-Modellen bis 1929 fest. Danach kamen auch aus Milwaukee seitengesteuerte V-Motoren ("Flatheads"). 1936 hielt die ohv-Technik Einzug: "Knucklehead" war der Spitzname der ersten Konstruktion dieser Art, gefolgt von den "Panheads" (1948) und den "Shovelheads" (1965). Auch heute beharrt Harley-Davidson konsequent auf ohv-Technik.

Mächtiges Harley-Gespann aus den Zwanzigern mit ioe-Technik

Neander 1928

Ernst Neumann war von Hause aus Künstler. Als Maler und Grafiker machte er schon um die Jahrhundertwende mit seiner Plakatkunst auf sich aufmerksam. Parallel dazu beschäftigte er sich mit technischen Problemen, kam zum Automobil- und Motorradsport und erlag schnell der Faszination der Geschwindigkeit. Auf einem selbstgebauten Motorrad war er vor dem Ersten Weltkrieg jahrelang in ganz Europa unterwegs. Bald wurde er als Industrie-Designer für die Autobranche tätig und entwarf zahlreiche Karosserien und Ausstattungsdetails. In den frühen Zwanzigern wagte er den Sprung vom Designer zum Produzenten. Neumann, der sich nun Neumann-Neander nannte, hatte eine radikal-funktionale Vorstellung vom motorisierten Zweirad.

Die Grundprinzipien seiner Konstruktion lauteten:

- keine Schweiß- und Lötverbindungen
- keine Lackierungen (er cadmierte und vernickelte die Oberflächen)
- extrem niedrige Sitzposition (kombiniert mit einem ergonomischen Sitz)
- gute Federung für schlechte Straßen

So kam er 1922 zu einem Leichtmotorrad, das sich in fünf Postpaketen verschicken ließ, und 1924 zu einem Fahrzeug mit Duraluminium-Profil-Rahmen, das er in geringer Stückzahl fertigte. Bald kehrte er zum traditionellen Material Stahl zurück, behielt aber den Rahmenaufbau aus genieteten Profilen bei. Die Oberflächen ließ er cadmieren bzw. vernickeln. Spezielle Sorgfalt hatte er in die Konstruktion des Sitzes gelegt, der sich deutlich von den damals üblichen Sätteln unterschied.

Sein Einheitsfahrgestell bot Platz für Ein- und Zweizylindermotoren und wurde mit Triebwerken von Villiers, MAG, JAP und Küchen bestückt. Die gestalterische Grundlinie kam übrigens rund sechzig Jahre später noch einmal zu Ehren: in den Suzuki-Katana-Modellen, die ihre auffällige Tank-Sitzbank-Linie der Neander verdanken. Die Firma Opel übernahm 1928 das Neander-Fahrwerk und baute eigene Motoren ein, die 500 ccm Hubraum besaßen und in sv- und ohv-Versionen lieferbar waren. "Opel Motoclub" nannte sich

Herausragender Design-Entwurf: Neander 1000 von 1928

dieses Modell. In der großen Wirtschaftskrise mußten Unternehmen wie Neander, die nur wenige und zudem unorthodoxe Motorräder herstellten, zwangsläufig untergehen. Auch die Opel "Motoclub", übrigens nicht in Rüsselsheim, sondern bei Elite-Diamant in Sachsen gefertigt, hielt sich nur zwei Jahre.

Neumann beschäftigte sich daraufhin mit Teilekonstruktionen für die Industrie und konzentrierte sich später immer stärker auf seine "Fahrmaschine", ein spartanisches Einfachstfahrzeug, das den späteren Kabinenrollern von Messerschmitt ähnelte. Es stellte seinen Beitrag zur Volksmotorisierung und eine Alternative zum KdF-Wagen (später Volkswagen) dar. Waren Neumanns Entwürfe auch äußerst funktional, so verstand er unter Funktion selbst nicht nur den Transport, sondern ebenso das Erleben der Geschwindigkeit. Dieser schrieb er heilsame Wirkung zu: "Meine Herren Zeitgenossen, der Gipfel der Motorfahrkultur besteht in dem Luftbad! Sie können damit, wenn richtig angewendet, die tollsten Krankheiten heilen (...). Sie lassen sich 100mal mehr Sauerstoff durch den Kadaver blasen als irgendein Spaziergänger (...). Drei Tage in einem Gebläse dieser Art ersetzt eine Badereise von sechs Wochen (...). So könnte es auch sein, daß die Medizin die ungeheure Heilkraft schneller Fahrt im komprimierten Luftstrom bei viel Augenbildern erkennt, verordnet und methodisch kultiviert" (1950).

Matchless 1932

Für "unübertrefflich" hielt Henry Collier aus London seine Fahrräder. Zumindest sollte das der Markenname Matchless den Kunden suggerieren. Als Collier 1902 auch ins Motorradgeschäft einstieg, behielt er den klangvollen Namen bei. Colliers Söhne traten schon früh bei Rennveranstaltungen mit Matchless-Maschinen auf dem Kontinent an, Erfolg kam aber erst auf heimischem Boden. Einige Siege und gute Plazierungen bei der Tourist Trophy etablierten den Ruf der Marke.

Matchless benutzte anfangs Einbaumotoren von JAP, später von

MAG (Motosacoche) und fertigte schließlich seine eigenen Triebwerke. Schon früh hatte man neben den Einzylindern verschiedene Maschinen mit V-Motoren im Programm. Nach dem Ersten Weltkrieg bildeten die großen Zweizylinder mit seitengesteuerten Ventilen und einem Liter Hubraum das Rückgrat der Produktion. Als Gespann-Zugpferde waren sie sehr beliebt und sicherten Matchless ein gutes Auskommen. Die Firma kam damit einigermaßen über die große Wirtschaftskrise und war 1931 sogar in der Lage, den Konkurrenten AJS aufzukaufen. Nach dem Erwerb von Subeam entstand aus den drei Firmen die Gesellschaft AMC (Associated Motorcycles), die von nun ab zweigleisig fuhr und eine AJS- und eine Matchless-Linie anbot. 1951 erwarb AMC den Hersteller James, 1952 die Nobelmarke Norton. Mit käuflichen Rennmodellen (Matchless G 45 und Matchless G 50 sowie AJS "Boy Racer" und 7R), klassischen Singles und großen Straßen-Twins blieb das Unternehmen bis in die sechziger Jahre gut im Geschäft. Dann ging's sehr schnell bergab. Matchless und AJS starben als Marken 1968, Norton kam mit Villiers in einen großen Holding-Topf, der bald auch Triumph und BSA aufnahm.

BSA 1936

Viele Motorradfirmen entstammen der Flugzeug- oder Rüstungsindustrie. In Friedenszeiten durften oder konnten sie die gewohnten Produkte nichtmehr absetzen und suchten ein neues Betätigungsfeld für den gut ausgebildeten Facharbeiterstamm und die aufwendigen Werkzeugmaschinen. BMW, Vespa, MV Agusta, Zündapp, Aermacchi sind auf diese Weise entstanden. Und auch der britische Hersteller BSA, dessen Initialen ausgeschrieben "Birmingham Small Arms" lauten.
Von den Feuerwaffen kam BSA zuerst zum Fahrrad und schließlich zum motorisierten Zweirad. 1909 erschien die erste Maschine mit dem BSA-Schriftzug (und den drei aufgemalten Gewehren) am Tank. BSA entwickelte sich schnell zum Großlieferanten. Über Jahrzehnte hinweg galt die Firma in Birmingham als größter Motorradproduzent Großbritanniens. BSA lieferte im Laufe seiner Existenz vom 35-ccm-Hilfsmotor über das Moped, den kleinen 125-ccm-Zweitakter, zahlreiche Mittelklasse-Maschinen bis zum Super Bike mit knapp 200 km/h Endgeschwindigkeit fast alles. Den Niedergang der britischen Motorradindustrie in den siebziger Jahren überlebte aber auch diese Firma nicht.

Aus besseren Zeiten stammt die hier abgebildete Maschine mit V-Motor. Schon 1919 hatte BSA sich dieser Bauweise zugewandt. Bis zum Zweiten Weltkrieg gab es verschiedene Modelle mit Hubräumen zwischen 500 ccm und 1000 ccm. Meist handelte es sich um seitengesteuerte Maschinen, vorrangig für

Auch BSA stellte große Maschinen mit V-Motoren her (1936)

den Gespannbetrieb konzipiert. 1934 gönnte man einem V-Triebwerk die sportliche ohv-Steuerung und brachte ein entsprechendes Halbliter-Modell heraus. 1936 erschien eine größere Version mit 750 ccm Hubraum. Diese Tradition endete mit dem Zweiten Weltkrieg. Nach 1945 traten die ohv-Parallel-Twins die Nachfolge der sportlichen V-Maschinen an.

Brough Superior 1936

Zu den Marken, die bis heute einen makellosen Ruf besitzen, zählt auch der britische Hersteller Brough Superior. Das liegt zum einen an der schon sagenhaften Qualität seiner Produkte, zum anderen an der Tatsache, daß die Firma schon 1940 ihre Produktion einstellte. Der schmachvolle Niedergang in den fünfziger und sechziger Jahren, Schicksal fast aller anderen Unternehmen der Branche, wurde ihr damit erspart, ebenso die unschönen Begleiterscheinungen, die damit meist verbunden waren. Die Erinnerung der Zeitgenossen blieb ungetrübt.

George Brough stellte sein erstes Motorrad 1919 vor. Er hatte zu diesem Zeitpunkt das Unternehmen seines Vaters verlassen, der immerhin schon über ein Dutzend Jahre in der Motorradbranche tätig war. Die Zweizylinder-Boxer des Vaters dünkten den Sohn altbacken, er entwarf eine eigene Konzeption, die er mit typisch britischem Understatement "Brough Superior" nannte - die überlegene Brough.

Um dem Namen gerecht zu werden, strengte sich Brough Junior mächtig an. Jedes Exemplar entstand in Handarbeit gemäß Lastenheft; damit gab es keine zwei identischen Maschinen. Die Motoren bezog Brough von JAP, MAG oder AMC. Er holte sich allerdings keine x-beliebigen Serientriebwerke, sondern ausgesuchte und modifizierte Motoren ins Haus. Seine Liebe galt vornehmlich den großen V-Triebwerken, in den späten Dreißigern entstanden aber auch Vierzylinder-Boxer- und Reihenmotoren.

Die bekanntesten Modelle waren wohl die beiden 1000-ccm-Maschinen mit den V-Zweizylindern von JAP. SS 80 nannte sich die seitengesteuerte Version, SS 100 die ohv-Variante. Den Kunden signalisierte dies eine garantierte Höchstgeschwindigkeit von 80 bzw. 100 Meilen (130 bzw. 160 km/h). Eine mehr als abenteuerliche Geschwindigkeit bei den damaligen Straßen- und Verkehrsverhältnissen! Die letzten Modelle wurden mit Matchless-Triebwerken ausgerüstet.

Brough Superior von 1936 im Alltagszustand

Victoria 1954

Im ehemaligen Zweiradzentrum Nürnberg war die Firma Victoria beheimatet. Sie begann vor mehr als 100 Jahren mit dem Bau von Fahrrädern und wandte sich zur Jahrhundertwende dem zukunftsträchtigen Motor-Zweirad zu. Motoren von Minerva, Zedel und Cudell wurden in eigene Fahrgestelle eingebaut. Nach dem Ersten Welt-

Die Bergmeister kam zu spät für den Fünfziger-Boom, zu früh für die Wiedergeburt des Motorrads in den Sechzigern

krieg benutzte Victoria das Boxertriebwerk der Bayerischen Motorenwerke und baute es, der damaligen Tradition entsprechend, längs ein. BMW stellte1923 den Motor in einem eigenen Fahrwerk quer und lieferte keine Einbautriebwerke mehr; Victoria übernahm den "Baywernmotor" mit Konstrukteur Stolle. Am Konzept des längs eingebauten Boxers hielten die Nürnberger bis Ende der dreißiger Jahre fest.

Nach dem Zweiten Weltkrieg begann Victoria wieder mit Fahrrädern und dem Zweigang-Hilfsmotor FM 38. Bald erweiterten Zweitakter bis 250 ccm Hubraum das Programm. 1953 versuchte die Firma an die Vorkriegstradition anzuknüpfen und brachte eine Viertakt-Zweizylindermaschine. Sie erbte vom großen 600-ccm-Vorkriegsboxer KR 6 den Namen Bergmeister, besaß aber eine völlig andere Technik. In einem Doppelschleifen-Rahmen mit Telegabel vorne und Geradwegfederung hinten saß ein quer eingebauter V-Zweizylinder, kombiniert mit einem Vierganggetriebe und einem Kardanantrieb.Das Triebwerk besaß ohv-Steuerung, einen Hubraum von 350 ccm und leistete 21 PS. Beide Zylinder wurden von einem Vergaser versorgt, der in einem Gehäuse auf dem Motor saß.

Das ergab zuweilen Probleme bei kaltem oder sehr heißem Motor. Ansonsten stellte die Bergmeister V 35 eine interessante Alternative in der Mittelklasse zwischen Horex Regina und BMW R 50 dar. Der harte Wind, der der deutschen Motorradindustrie Mitte der Fünfziger entgegenwehte, blies auch der Bergmeister das Lebenslicht aus. Victoria konzentrierte sich stärker auf Mopeds, bildete 1959 zusammen mit DKW und Express die Zweirad Union, die 1968 von Fichtel & Sachs geschluckt wurde. Mit 20 Jahren Verspätung fand das Konzept der Bergmeister doch noch Anerkennung, wenn auch unter fremder Flagge: Moto Guzzi brachte 1977 das Modell V 35 heraus, das einem aktualisierten Entwurf der Bergmeister entsprach.

Moto Guzzi 1969

Auf der Rennstrecke wagte sich die norditalienische Firma Moto Guzzi schon vor dem Zweiten Weltkrieg an Maschinen mit Vierzylindermotoren und "Weitwinkel"-V-Maschinen mit 120°-Gabelwinkel; Mitte der fünfziger Jahre präsentierte man sogar einen Achtzylinder-Renner mit 500 ccm Hubraum.

In der Serie blieben die Konstruktionen dagegen auf dem Boden der

Tatsachen. Guzzi gelang es, einige wenige Grundentwürfe über Jahrzehnte hinweg beizubehalten und daraus immer neue Modell zu entwickeln. Ein wichtiger Entwurf war der liegende Viertakt-Einzylinder von 1921. Sein letzter Ableger hielt sich immerhin bis 1976. Als ähnlich langlebig erwies sich eine Konstruktion aus den sechziger Jahren, die sich heute immer noch in den großen Moto-Guzzi-Maschinen findet. Es handelt sich um einen Zweizylinder-V-Viertakter mit 700 und mehr ccm Hubraum, der quer eingebaut und mit einem Kardanantrieb kombiniert wurde. Das Triebwerk entstand ursprünglich als Stationärmotor, war auch für ein Militär-Dreirad nicht zu schade, kam später in Polizeimaschinen zum Einsatz und wurde schließlich in Zivil gekleidet. Die Serienmaschine erschien 1967 und hieß V 7. Mit fast altbackener ohv-Steuerung und zwei Vergasern kamen 40 PS ohne große Anstrengung bei 5800 U/min zustande.

Bald folgte eine 750-ccm-Sport-Version, mit nun schon 52 PS bei 6200 U/min um einiges kräftiger. In den folgenden Jahren und Jahrzehnten zeigte diese Konstruktion, was alles in ihr steckte. Sie ließ sich zum bequemen Tourer ("California"), zum Seitenwagen-Zugpferd oder zur sportlichen Straßenmaschine ("Le Mans") ummodeln. 1000 ccm Hubraum waren auch kein Problem, egal ob sportlich auf 81 PS gebracht, oder leicht gedrosselt mit Zweigang-Halbautomatik kombiniert ("Convert"). Eine Seitenlinie mit kleineren Ausgaben von 350 ccm, 500 ccm und 650 ccm Hubraum zweigte sich 1977 ab.
Einen zweiten Frühling erlebte die betagte Konstruktion nach rund 25 Jahren unter dem Namen "Daytona": obenliegende Nockenwellen und Vierventilköpfe brachten sie ganz nahe an die magische 100-PS-Grenze, die inzwischen die Vierzylinder der Konkurrenz allerdings schon in gedrosselten Versionen überschritten.

Moto Guzzi V 7 von 1969, ein Brocken, der durchaus auch seine sportlichen Seiten hatte

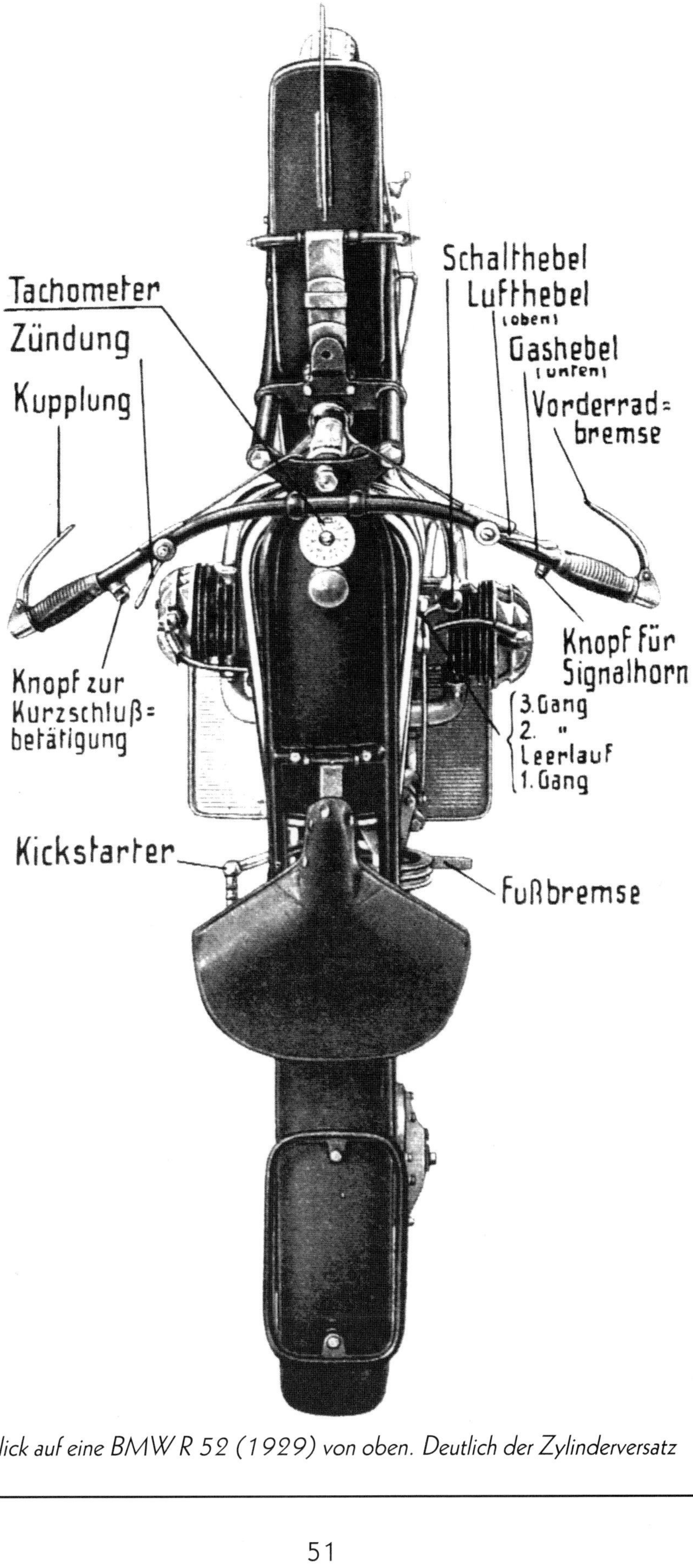

Blick auf eine BMW R 52 (1929) von oben. Deutlich der Zylinderversatz

Boxer-Maschinen

Als "deutsche Schule" bezeichneten Fachjournalisten früher die harmonische Kombination eines Zweizylinder-Viertakt-Boxers mit Wellen- oder Kardanantrieb. Dies bezog sich seit den dreißiger Jahren vor allem auf Maschinen aus dem Hause Zündapp oder BMW. Es hatte allerdings eine ganze Weile gedauert, bis die Boxer-Schule deutsch wurde. Begonnen hatte die Sache im Mutterland des Boxens, in Großbritannien. Britische Hersteller entwickelten die Boxer-Technik motorradreif (Barter / Fairy), vermarkteten den längs eingebauten Boxer (Douglas) erfolgreich und stellten ihn nach dem Ersten Weltkrieg auch schon quer (ABC).

Danach griffen Konstrukteure in aller Welt dieses Konzept auf. Als Beispiele seien Harley-Davidson in den USA genannt, Gnome-Rhone in Frankreich, Puch in Österreich, FN in Belgien, Universal und Condor in der Schweiz, Elect und Aero Caproni in Italien und natürlich BMW, Mars, Victoria und Zündapp in Deutschland. Die großen Vorteile des Boxers:

- gute Kühlung von Zylinder und Zylinderkopf
- guter Massenausgleich, d. h., wenig Vibrationen
- tiefer Schwerpunkt.

Ein Viertakt-Boxer-Triebwerk, 1922 gebaut von Harley Davidson. Unten die Kraftübertragung über Zahnräder

Die Nachteile bestehen in großer Baubreite und der Notwendigkeit aufwendiger Mechanik, wenn ohc-Steuerung angestrebt wird. Hondas Goldwin und GL 1500-Modelle haben aber gezeigt, daß dies in einem entsprechenden Gesamtkonzept nicht mehr ins Gewicht fällt.

Douglas 1912

Ist von Boxer-Motorrädern die Rede, sind meist BMW-Maschinen gemeint. Die Münchner Firma hat dieses Konzept über mehr als sieben Jahrzehnte beibehalten und jeweils aktuellen Erfordernissen angepaßt. Die Pionierarbeit, diese Bauweise in der Motorradszene zu etablieren, leistete indessen ein anderer Hersteller, dessen Produkte man auch in München schätzte und dem darum der blau-weiße Boxer einiges verdankt: die englische Firma Douglas, beheimatet in Bristol. Douglas war eine bekannte und gut eingeführte Gießerei, die 1907 mit der Fertigung von Motorrädern begann. Sie war in der glücklichen Lage, eine vielversprechende Konstruktion übernehmen zu können, deren Produktion schon seit 1905 lief, die ihren Erbauer finanziell aber überfordert hatte. Joseph Barter hatte ein kleines Viertakt-Triebwerk entworfen, dessen beide Zylinder sich gegenüberlagen. Die Kolben liefen im Verbrennungs- bzw. Ansaugtakt aufeinander zu und strebten im Verdichtungs- bzw. Auspufftakt voneinander weg. Da dies an das Hin und Her der Fäuste im Ring erinnerte, erhielten Triebwerke dieser Machart in Deutschland die Bezeichnung "Boxer". Die Briten nennen sie "Flat Twins".

Die Firma Douglas etablierte den Zweizylinder-Boxermotor

Barters Motor hatte einen Hubraum von rund 200 ccm und war längsliegend in einen Fahrradrahmen eingebaut. Anfänglich lautete der Markenname elegant-französisch "Fé", später ersetzte ihn die allgemeinverständliche englische Bezeichnung "Fairy". Die ersten Maschinen, die unter dem Namen Douglas herauskamen, besaßen einen deutlich erhöhten Hubraum von 340 ccm und einen direkten Antrieb des Hinterrades über Keilriemen. Bald ersetzte ein spezieller Rahmen das Fahrrad-Fahrgestell, und der Boxer konnte einen seiner Vorteile ausspielen: er ermöglichte eine niedrige Bauweise, einen tiefen Schwerpunkt und damit eine gute Straßenlage. Kein Wunder, daß die Douglas-Maschinen, die zudem über viel Drehmoment verfügten und kaum vibrierten, sich bald überall durchsetzten. Sporterfolge bei Straßenrennen sorgten für großes Publikumsinteresse, ein Militärauftrag während des Ersten Weltkriegs garantierte gute Umsätze. Mitte der zwanziger Jahre durfte sich die Firma mit dem Titel "Hoflieferant des britischen Königshauses" schmücken, denn die Prinzen Albert und Henry waren begeisterte Douglas-Piloten. Ende des Jahrzehnts begann in Großbritannien das Speedway-Fieber, und die Douglas-Maschinen erwiesen sich als ideal für die kontrollierten Drifts auf Aschen- und Sandbahnen.

An der Bauweise der Douglas-Maschinen änderte sich bis 1935 nichts. Dann erschien das Modell "Endavour". Der Boxer war nun quergestellt und mit einem Wellenantrieb kombiniert worden. Der Douglas-Gemeinde sagte dies nicht zu. Nur einige Dutzend Maschinen wurden verkauft. Früher oder später mußten sich aber auch konservativste Gemüter mit der Tatsache abfinden, daß das quer eingebaute Triebwerk besser zu kühlen ist und weniger Platzprobleme bereitet. Nach dem Zweiten Weltkrieg erschienen die Douglas-Motorräder in dieser Machart, wobei sie den Kettenantrieb zum Hinterrad beibehielten. 1957 wurde die Produktion von Motorrädern eingestellt, nachdem das Unternehmen schon seit den dreißiger Jahren finanziell stark angeschlagen war und mehrfach den Besitzer gewechselt hatte.

Der Einfluß von Douglas in den zwanziger und dreißiger Jahren war enorm. Konstrukteure in aller Welt übernahmen das Konzept. Die Resultate reichten von plumpen Kopien bis zu ideenreichen Weiterentwicklungen.

Mars 1920

Neben Berlin, Bielefeld und München war auch die Frankenmetropole Nürnberg einst eine Hochburg der Zweiradindustrie. Mehrere Dutzend Hersteller beschäftigten sich zwischen 1900 und 1960 mit der Produktion von Motorrädern. Vom Fahrradbau kam die Firma Mars, die 1903 mit Hilfe von Schweizer Triebwerken ihr erstes Motorrad-Modell auf die Räder stellte. Bis zur Aufgabe der Motorrad-Produktion im Jahre 1957 blieb man dem Konfektions-Prinzip treu, d. h., fertigte nie eigene Motoren, sondern griff auf Zulieferer zurück.

So war es auch im Jahre 1920, als Mars mit einem überdimensionalen Big-Bike vor die Öffentlichkeit trat, die dies fast als Gigantomanie betrachten mußte. Die große Mars war ein wahres Schlachtschiff von einem Motorrad. Ein gewaltiger Viertakt-Boxer mit rund einem Liter Hubraum war längs eingebaut und mit einem Zweigang-Getriebe sowie einem Kettanantrieb zum Hinterrad kombiniert worden. Das Triebwerk stammte von Maybach aus Friedrichshafen, wo auch die Motoren der Zeppeline entstanden.

In einer Zeit, als andere Hersteller auf motorisierte Fahrräder, Leichtmotorräder oder kleine Zweitakter setzten, war die Mars eine besonders imposante Erscheinung. Optisch wirkte sie aufgrund ihres Kastenrahmens, der aus geschweißten und genieteten Blechen bestand, und dem halbverkleideten Hinterrad beson-

Mars, ein frühes Hyper Bike von 1920

Kasten-Beiwagen: der 1000-ccm-Maybach-Boxer zieht

ders massiv. Dazu kamen die ausladenden Trittbretter, die Beinschützer und ein großes Abdeckblech für den Handkurbeltrieb, mit dem der Motor gestartet wurde. Die Mars stand bis Ende der zwanziger Jahre im Angebot der Firma, die zwischenzeitlich den Besitzer gewechselt hatte und nun M.A. hieß. Erst nach dem Zweiten Weltkrieg wurden dann wieder Motorräder unter dem Markennamen Mars gebaut.

BMW 1923

Als die Bayerischen Motoren Werke, früher in der Flugzeugbranche tätig, 1923 ihr erstes Modell mit querstehendem Boxermotor herausbrachten, hatten sie weder diese Motorbauweise, noch den Wellenantrieb oder sonst ein wesentliches Detail an der Maschine erfunden. Sie hatten nur in genialer Weise kombiniert, worauf vorher noch niemand gekommen war. Den Wellenantrieb gab es beim Fahrrad bereits vor der Jahrhundertwende, FN aus Belgien rüstete schon 1904 Motorräder damit aus und Dürkopp in Bielefeld zog nach. Den Boxermotor hatte der Brite Joseph Barter für das Zweirad entdeckt, die Marke Douglas verhalf ihm zu Anerkennung in der Motorradwelt.

BMW-Konstrukteur Martin Stolle fuhr eine Douglas und regte an, in dem ehemaligen Rüstungsbetrieb als "Friedensprodukt" ein ähnliches Triebwerk herzustellen. Dies geschah, und der "Bayermotor" wurde ab 1922 an verschiedene Hersteller geliefert, die ihn aber alle nach Douglas-Vorbild längs einbauten. 1923 machten die zwischenzeitlich umorganisierten Bayerischen Motoren Werke Nägel mit Köpfen: sie konstruierten und fertigten ein komplettes Motorrad um das eigene Triebwerk herum. Der BMW-Erstling hieß R 32, war seitengesteuert und holte aus 500 ccm 8,5 PS, die über einen Wellenantrieb zum Hinterrad gelangten.

Der Boxer streckte seine beiden Zylinder rechts und links aus dem Rahmen. Das war zwar eine neue Verwendungsweise des Bayernmotors,

1923 baute BMW sein erstes komplettes Motorrad, die R 32

aber keine Sensation in Fachkreisen. Dort kannte man nämlich die englischen ABC-Maschinen, die 1919 vorgestellt worden waren und schon über einen quergestellten Viertakt-Boxer verfügten, allerdings noch den traditionellen Kettenantrieb besassen. Mit der R 32 begründete BMW eine Linie, die mittlerweile mehr als 70 Jahre fortgesetzt wird.

BMW R 16 mit 750-ccm-Boxer, zwei Vergasern und Preßstahlfahrwerk (1933)

BMW 1933

Die R 32, das erste komplett selbst gefertigte BMW-Motorrad, war zwar von gediegener Ausstattung, aber mit ihren 8,5 PS doch ein ziemlich müdes Pferdchen. 1925 erschien dann eine sportlichere Ausführung, die dank ohv-Steuerung fast auf die doppelte Leistung, nämlich 16 PS kam. R 37 hieß dieses Modell. In den folgenden Jahren bot BMW in der Halbliter-Klasse jeweils zwei Modelle an, eine seitengesteuerte Tourenversion und eine ohv-gesteuerte Sportausführung.

1928 sattelten die Münchner eins drauf und kamen mit zwei 750-ccm-Maschinen heraus. Wiederum konnten die Kunden zwischen einer Tourenversion mit sv-Steuerung und einer schnelleren und leistungsstärkeren ohv-Variante wählen. Der Seitenventiler hieß R 62, das obengesteuerte Modell R 63 und brachte 24 PS auf die Rolle.

Im Laufe des Jahres 1929 ersetzte BMW den Rohr- durch einen Preßstahlrahmen. Diese Bauweise führten zu dieser Zeit viele Hersteller ein, denn sie versprach größere Festigkeit bei günstigerer Fertigung. 1932 erschien die R 16, die einen 750-ccm-ohv-Motor mit dem neuen Preßstahlfahrwerk kombinierte. Erstmals besaß jeder Zylinder seinen eigenen Vergaser. Die Motorleistung stieg auf 33 PS.

Die Preßstahlfahrwerke hielten sich bis 1936. 1935 mußte als erstes die Preßgabel (eine Kurzschwinge) einer Neukonstruktion mit Namen Teleskopgabel weichen. Ein Jahr später kehrten die Münchner zum Rohrrahmen zurück. 1938 erreichte die BMW-Motorradfertigung in Form des neuen Modells R 51 ihren bisherigen Höhepunkt. Die R 51 bot 24 PS aus 500 ccm Hubraum, eine hydraulisch gedämpfte Telegabel und eine Hinterradfederung, ebenfalls "teleskopisch". Damit hatte das Werk einen Standard erreicht, den die Konkurrenz erst ein Dutzend Jahre später liefern konnte.

BMW 1960

Nach dem Krieg bot BMW die Boxermaschinen jeweils in einer 500-ccm- und einer 600-ccm-Version an. 1960, zu einer Zeit, als viele Motorradfahrer schon auf einen Kleinwagen umgestiegen waren, präsentierte das Münchner Werk für die Unentwegten ein Spitzenmodell, das sich international beste Kritiken verdiente und heute zu den hoch gehandelten "neuen" Klassikern zählt. R 69 S hieß die "Hundert-Meilen-Maschine" die zu einer Höchstgeschwindigkeit von mehr als 170 km/h (= 100 engl. Meilen) imstande war. Das Vorgängermodell R 69 war 1955 als Sportversion der Standardausführung R 60 erschienen.

In diesem Jahr führte BMW den "Vollschwingenrahmen" ein. Vorder- und Hinterrad federten in Langschwingen mit hochwertigen Federbeinen; die Schwingenachsen konnten (und mußten!) über Kegelrollenlager genau eingestellt werden. Für Seitenwagenbetrieb konnte man die Geometrie der Vorderradschwinge verändern. Die R 69 leistete 35 PS bei 6800 U/min. Um aus dem Stoßstangentriebwerk noch etwas mehr herauszukitzeln, erhöhten die Techniker die Verdichtung und "verschärften" die Steuerzeiten. Bei 7000 U/min lagen nun 42 PS an. Höhere Drehzahlen waren nicht zu empfehlen, schon als Dauerdrehzahl war dieser Wert kritisch. Abgerissene Zylinder zeigten, daß das Triebwerk an seine Grenzen gekommen war. Durch Detailverbesserungen ließen sich derartige Probleme zwar beheben, für die Zukunft mußte man sich aber etwas Neues einfallen lassen. Steigerungsfähig war diese Konstruktion nicht mehr. Dem Ansturm japanischer Zweitakt- und ohc-Technik konnte sie noch bis ins Jahr 1969 standhalten.

Die R 75/5, eine völlige Neukonstruktion, löste 1969 das Schwingenmodell R 69 S ab

BMW 1969

Mitte der sechziger Jahre zeigte sich, daß die kräftige Belebung des Motorradmarktes in den USA kein kurzes Strohfeuer gewesen war. Der Zweirad-Boom schwappte auf Europa über und erreichte währenddessen in den Vereinigten Staaten immer größere Käuferkreise. Die japanischen Hersteller - allen voran Honda - schoben ihren kleinen und harmlosen Fun-Bikes immer größere Geräte nach und stießen damit in Regionen vor, die bislang Marken wie Harley-Davidson, Triumph oder BMW unter sich aufgeteilt hatten.

BMW konnte solide Fahrwerkstechnik, äußerst kultivierte Motoren und insgesamt gesehen zuverlässige und unbedingt alltagstaugliche Produkte anbieten. An einem mangelte es den Maschinen mit dem blau-weißen Propeller-Emblem am Tank aber: an sportlicher Ausstrahlung. Dazu gehörten Motoren mit hoher Drehfähigkeit und Anleihen aus der Renntechnik (wie beispielsweise ohc-Steuerung); dazu zählten Fahrwerke mit Telegabeln sowie sportliche Sitzbänke und Lenker; und darunter verstanden schließlich viele

Käufer auch die "Papierwerte", die Daten, die Prospekte und Kataloge lieferten. So gesehen besaßen die 350-ccm-Zweitakter oder 450-ccm-Viertakter aus Japan gegenüber den Bayern-Boxern einige Vorteile: ähnliche Leistungen, zumindest auf dem Papier, aber viel weniger Hubraum und damit wesentlich günstiger in Steuer und Versicherung. Zudem "schneller" in Optik und Technik.

BMW brachte als Antwort auf diese Herausforderung 1969 eine völlig neue Modellreihe heraus. Neben 500-ccm- und 600-ccm-Maschinen gab es seit langen Jahren erstmals wieder eine 750er. Alle Modelle verwendeten das gleiche Fahrwerk, einen Doppelschleifen-Rahmen á la Nortons "Federbett", mit Hinterradschwinge und Telegabel vorne. Die Motoren verzichteten weiterhin auf obenliegende Nockenwellen; sie waren gleitgelagert, verfügten über einen Drehstromgenerator und einen elektrischen Anlasser. Die beiden größeren Modelle erwiesen sich als Dauerbrenner im BMW-Programm. Ihre letzten Weiterentwicklungen hielten sich bis in die neunziger Jahre, als BMW die nächste Boxer-Generation vorstellte. Immer noch stoßstangengesteuert!

Zündapp 1933

Die Nürnberger "Zünder- und Apparatebaugesellschaft" hatte 1921 mit dem Bau von kleinen Zweitaktern begonnen. Die zuverlässigen Maschinen gelangten bald zu weiter Verbreitung. 1928 wurde ein neues, hochmodernes Werk in Betrieb genommen. 1930 boten die Nürnberger ihren ersten Viertakter an: eine sportliche Halblitermaschine mit dem englischen Python-Motor, ein Vierventil-Triebwerk, das bei Rudge entstand.

1933 präsentierte das Werk eine völlig neu durchkonstruierte Modellreihe, die erstmals auch Viertakt-Motoren eigener Fertigung beinhaltete. Es handelte sich um Boxer-Triebwerke mit Hubräumen von 400, 500, 600 und 800 ccm. Alle waren in Preßstahl-Kastenrahmen eingebaut, besaßen ein Viergang-Kettengetriebe und einen Wellenantrieb zum Hinterrad. Die Maschinen waren für Tourenbetrieb ausgelegt und verfügten deswegen über seitengesteuerte Ventile. Die 400er und das Halblitermodell entsprachen dem in Deutschland durch BMW popularisierten Zweizylinder-Typ. Den beiden größeren Versionen hatte man zwei zusätzliche

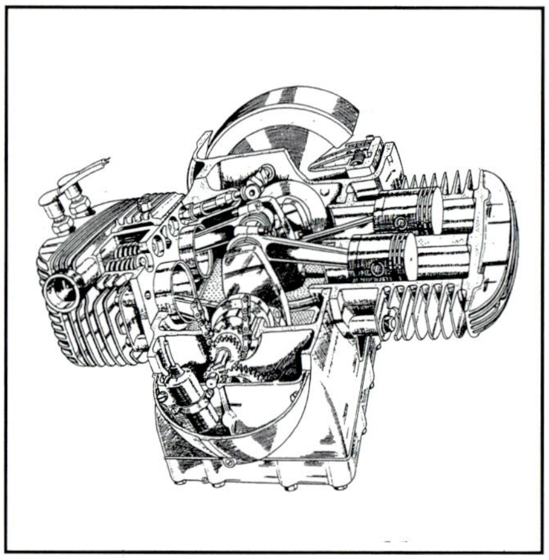

Vierzylinder-Boxer der Zündapp KS 800

Größtes Modell der 1933 vorgestellten Zündapp-Reihe war die Vierzylinder KS 800

Zylinder mit auf den Weg gegeben. Zwei Bohrungen lagen hintereinander in einem Block, die rückwärtige Einheit bekam damit wenig Kühlluft. Aus diesem Grund waren Drehzahlniveau und Leistung moderat gehalten. Die 800-ccm-Vierzylinder kam auf 20 PS bei 4300 U/min. Damit waren etwa 125 km/h drin, was als Dauergeschwindigkeit aber kaum zu empfehlen war.

Besser eignete sich die Maschine als zähes Zugpferd im Seitenwagenbetrieb oder für den Einsatz unter schwierigen äußeren Bedingungen. Damit wurde in den späten dreißiger Jahren mehr oder weniger deutlich der Kriegseinsatz umschrieben. Ein Großteil der K-800-Maschinen ging deswegen auch direkt an die Wehrmacht. Nicht umsonst hatte Firmenchef Neumeyer schon 1933 bei einer Betriebsfeier den "neuen Geist, den unser großer Führer Adolf Hitler uns gegeben hat," beschworen.

Zweitakt-Boxer gab es schon in den zwanziger Jahren. Das Motorradwerk Zschopau griff dieses Konzept mit der BK 350 wieder auf

IFA / MZ 1953

Viertakt-Boxer sind eine vertraute Erscheinung in der Motorrad-Geschichte. Wesentlich weniger bekannt dürften Zweitakt-Maschinen dieser Bauweise sein. Dabei stellte schon im Jahr 1921 der englische Hersteller Economic einen quer eingebauten Zweizylinder-Zweitakt-Boxer mit Reibradantrieb zum Hinterrad her. Zu einiger Popularität gelangte in den fünfziger Jahren eine deutsche Maschine in DKW-Tradition: die BK 350 der IFA. Das alte DKW-Werk in Zschopau wurde nach dem Zweiten Weltkrieg zum Volkseigenen Betrieb. Er gehörte zur "Industrievereinigung Fahrzeugbau" (IFA) der DDR. Man entwickelte alte DKW-Modelle weiter, machte sich aber auch an Neukonstruktionen. Dazu zählte die BK 350. Sie besaß einen 350-ccm-Zweitaktmotor mit gegenüberliegenden Zylindern, ein Vierganggetriebe und einen Wellenantrieb zum Hinterrad.

Das Ganze saß in einem Doppelschleifenrahmen mit Telegabel vorne und Geradwegfederung hinten. Bei 5000 U/min spendete das Triebwerk mühelos 15 PS. Die Vibrationen waren gering, das Drehmoment beachtlich (2.3 mkg bei 3500 U/min), Kühlungsprobleme so gut wie ausgeschlossen. Das war kein Motor zum Drehen, sondern zum Ziehen. So fand die BK 350 ihr vornehmstes Einsatzgebiet im Gespannbetrieb. Ab Baujahr 1956 leistete das Triebwerk 17 PS.

Die IFA-Produkte aus Zschopau trugen nun den Markennamen MZ (Motorradwerk Zschopau). Parallel zur BK 350 lief eine neue 250-ccm-Einzylindermaschine vom Band, die ein modernes Vollschwingenfahrwerk besaß und sich in der Leistung dem Boxer näherte. Dessen Tage waren damit gezählt, 1959 lief die Produktion aus. Die Einzylindermaschine von MZ geriet hingegen zum Verkaufsschlager in der DDR und auf Exportmärkten. Sie wurde ständig weiterentwickelt und erst nach mehr als drei Jahrzehnten von einem Viertakter mit Rotax-Motor abgelöst.

Hoffmann, Aerocaproni 1953

Die Deutschen gaben Mittelklasse-Boxern keine Chancen. In Italien behaupteten sich diese sogar bei den Leichtmotorrädern (Aerocaproni)

Die Rolle der 250-ccm-Klasse hat sich seit den fünfziger Jahren deutlich gewandelt. Heute führen Viertelliter-Maschinen - zumindest auf dem deutschen Markt - ein Schattendasein. Als besonders leichte Enduro, als Einsteigermaschine oder als versicherungsgünstiges Alljahresmotorrad sind sie noch hier und da anzutreffen.

Vor 40 Jahren galten 250 ccm Hubraum und die entsprechenden 15 bis 18 PS Leistung als respektable Werte. Was mehr als 500 ccm besaß, ragte schon in die Kategorie der Superbikes, mit 125 ccm bis 175 ccm knatterte man zur Arbeit, dazwischen erstreckte sich mit 250 ccm bis 350 ccm eine solide Mittelklasse. Urlaubs- und langstreckentaugliche Maschinen, prestigeträchtig und teuer in der Anschaffung.

Wer etwas Geld sparen wollte, griff zum Zweitakter, ansonsten ging der Trend zum kultivierten Einzylinder-Viertakter á la Horex Regina, NSU Max oder BMW R 25. Für Fahrer, die in dieser Kategorie schon über die Technik der "Großen" verfügen wollten, lieferten einige Hersteller Mehrzylinder-Viertaktmotoren, damals reine Exoten. Die Firma Hoffmann beispielsweise, mit Fahrrädern, kleinen Zweitaktern und dem deutschen Lizenzbau der Vespa-Roller groß geworden. Chef J.O. Hoffmann wollte nicht glauben, was bei Zündapp und BMW als ausgemachte Sache galt: daß ein kleines Boxer-Motorrad kein Geschäft werden kann. Hoffmann ließ einen 250-ccm-Boxer konstruieren, ausgerüstet wie die hubraumstärkeren Vorbilder. Das bedeutete Kardanantrieb, Geradweg-Hinterradfederung, gute Bremsen und ein aufwendiges Finish. 15 PS leistete der Motor. "Gouverneur" hieß ein wenig hochtrabend dieses Modell. Die Maschine verfehlte aber ihr Publikum. Zum einen kostete sie mehr als die gleichwertige Konkurrenz, andererseits waren die Leistungen in Anbetracht des Aufwandes eher bescheiden. Außerdem litt das Triebwerk an nicht auskurierten Kinderkrankheiten und konnte deswegen nicht gerade mit Zuverlässigkeit glänzen. Eine schnell nachgeschobene 300-ccm-Version mit 17,5 PS änderte nichts mehr. Ende 1954 war der Gouverneur schon wieder abgesetzt.

Ein etwas längeres Leben besaß ein italienischer Beitrag zum Thema "Boxer der Mittel- und Leichtgewichtsklasse". Aus der Flugzeugbranche kam die Firma Aerocaproni, die 1953 ein Modell herausbrachte, das noch einige Schritte weiter ging als die Gouverneur. Aerocaproni (später umbenannt in Aeromere) wagte sich mit dem Viertakt-Boxer-Konzept sogar in die Klasse der Leichtmotorräder. "Capriolo" (Reh) hieß die Filigrankonstruktion. Ganze 150 ccm Hubraum wies das Maschinchen auf, das durch Verdoppelung eines schon früher produzierten 75-ccm-Einzylinders (ebenfalls mit dem Namen Capriolo) entstanden war. Und dieses winzige Triebwerk besaß das, was man bei den großen Boxern so vermißte: eine obenliegende Nockenwelle.

"Welle" ist eigentlich die falsche Bezeichnung, denn im Zylinderkopf der Caproni rotierte, angetrieben von einer Königswelle, eine Nokkenscheibe, die die Ventile betätigte. 8,5 PS waren das Resultat, nicht gerade viel bei diesem Aufwand. Mit Ach und Krach konnte man sich damit an die 100-km/h-Grenze herantasten. Wofür der Preßstahlrahmen, die Telegabel vorne und die Schwingenfederung hinten bestens gerüstet war.

Die 150-ccm-Capriolo hielt sich einige Jahre länger als der Gouverneur, was wohl daran lag, daß das italienische Publikum solchen Skurrilitäten, sofern sie in irgendeiner Weise sportlich angehaucht schienen, freundlicher gesonnen war. Man kaufte jenseits der Alpen ja auch Unmengen kleiner Viertakt-Hilfsmotoren und sogar ohc-Maschinen in der Leichtmotorrad-Klasse. Deswegen verwundert es nicht, daß sich verschiedene Capriolo-Varianten sogar bis in die sechziger Jahre retten konnten.

Zündapp 1954

Die Motorräder der fünfziger Jahre haben mittlerweile den Status echter Klassiker, der früher auf Maschinen der zwanziger und dreißiger Jahre beschränkt war, erworben. Die neuen Kultgegenstände heißen Horex Regina, BMW R 51/3, NSU Max, DKW RT 175 und nicht zuletzt Zündapp KS 601. Diese Maschine, unter dem Spitznamen "Grüner Elefant" bekannt geworden, schart heute eine treue Sammlergemeinde um sich.

Die KS 601 erinnert an die Zeiten, als Zündapp keine Mopeds und Kleinkrafträder, sondern schwere Viertakt-Boxer mit zwei und vier Zylindern baute. Sie stellt den Höhe- und Endpunkt dieses Zündapp-Zweigs dar. Die Vorgänger hießen KS 500 bzw. KS 600 und waren 1936/38 erschienen. Sie ergänzten die 1933 gestartete Boxer-Palette, die bislang nur seitengesteuerte Tourenmaschinen aufwies, um zwei sportliche Ableger. Die neuen ohv-Motoren saßen in Preßstahlrahmen, hinten ungefedert, vorne mit einer Trapezgabel bestückt. Hauptabnehmer war das Militär.

Nach dem Krieg wurde das 600-ccm-Modell für eine kurze Zeit fast unverändert weitergebaut. 1951 erschien eine zeitgemäße Version in Form der KS 601, die bis 1958

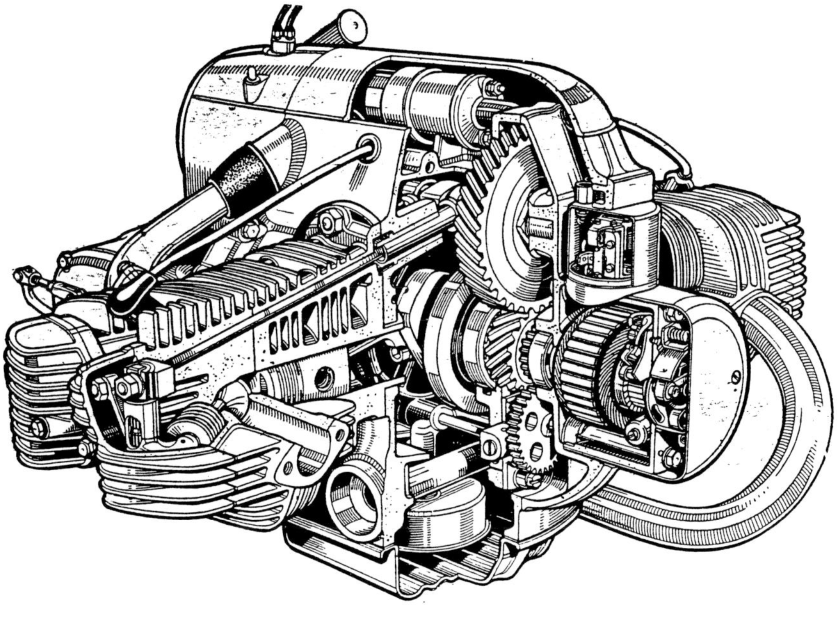

Schnittzeichnung des Zündapp KS 601-Triebwerks (Grüner Elefant)

vom Band lief. Der Motor blieb in seiner Grundkonzeption erhalten, besaß nun aber zwei Vergaser und war damit drehfreudiger geworden.

Deutlicher hatte sich das Fahrwerk geändert. Mit Rohrrahmen, Telegabel und Geradweg-Hinterradfederung war die sportliche Zündapp ganz auf der Höhe ihrer Zeit. Mit der BMW R 67 bzw. R 68 bildete sie die Spitze des deutschen Motorradbaus. 1954 erschien eine leistungsstärkere Version KS 601 S. 1956 gab's für den Export nach USA noch eine Hinterradschwinge.

In jenem Jahr traf sich bei Eis und Schnee erstmals der harte Kern der KS-601-Fahrer. Aus der Veranstaltung entwickelte sich das heute noch durchgeführte "Elefantentreffen".

Honda 1974

Als die japanischen Hersteller in den sechziger und siebziger Jahren die traditionellen Märkte wie im Sturm nahmen, bedienten sie sich dabei einer schier grenzenlosen Modellvielfalt. Erstaunlicher Weise griffen sie das Konzept des luftgekühlten Zweizylinder-Boxers, von BMW überall bestens eingeführt, nie ernsthaft auf.

Honda brachte Anfang der Sechziger einen Roller mit einem entsprechenden Triebwerk heraus, das Modell setzte sich aber nicht durch. Mehr als 20 Jahre später hatte der japanische Viertakt-Pionier dann doch noch zu "seinem" Boxer gefunden. Er besaß vier Zylinder von zusammen 1000 ccm Hubraum, war wassergekühlt, mit einem Kardanantrieb versehen und trieb ein wahres

Honda hat mit seiner Sechszylinder Goldwing das Luxus-Reisemotorrad auf eine neue Stufe gehoben

Honda Gold Wing GL 1500, Sechszylinder mit 1520 ccm Hubraum (1994)

Ungetüm von einem Motorrad an. "Gold Wing" hieß die Neuschöpfung. Sie war die Sensation der IFMA 1974.

Anfangs beging Honda den Fehler, diese Maschine als sportliches Motorrad zu präsentieren. Nach kurzer Zeit aber hatte die goldene Schwinge ihr Image und ihr Publikum gefunden. Sie eignete sich vorzüglich als Langstrecken-Reisemaschine. Dementsprechend kitzelten die Honda-Techniker auch nicht das letzte Quentchen Leistung aus dem Triebwerk heraus, sondern legten es auf sicheren Tourenbetrieb aus. Die Gold Wing wurde immer größer, dicker, schwerer. Verkleidungen, Auf- und Anbauten ließen sie wie ein Kleinwagen auf zwei Rädern aussehen. In den USA machte sie den großen Harley-Tourern kräftig Konkurrenz. 1980 kamen 1100 ccm Hubraum, 1984 waren es schon 1200 ccm, die sich mittlerweile auf 1500 ccm erhöht haben und auf sechs Zylinder verteilen. Heute dürfen die Gold Wing und ihre Ableger als echte Klassiker gelten: die Maschine war bei ihrem Erscheinen innovativ, entsprach einem völlig neuen Konzept, eroberte sich schnell ihr Publikum und reizt es noch nach mehr als zwanzig Jahren.

Parallel-Zweizylinder

Die heute gängige Anordnung von zwei Zylindern, die nebeneinander stehen und deren Kolben gleichzeitig oder um 180° versetzt auf- und abgehen, stellte in der Frühzeit der Motorradgeschichte eine Ausnahme dar. Die französischen Hersteller Werner und Peugeot beschäftigten sich vor dem Ersten Weltkrieg mit dieser Bauweise, starteten aber keine Serienproduktion.

Es dauerte bis Ende der dreißiger Jahre, bevor der Parallel-Twin auf dem Viertakt-Sektor heimisch wurde. Edward Turners "Speed Twin" setzte eine Bewegung in Gang, der sich nach dem Krieg fast alle großen Hersteller anschlossen. Als die japanische Firma Honda mit ihren Hochleistungs-Maschinen einen völlig

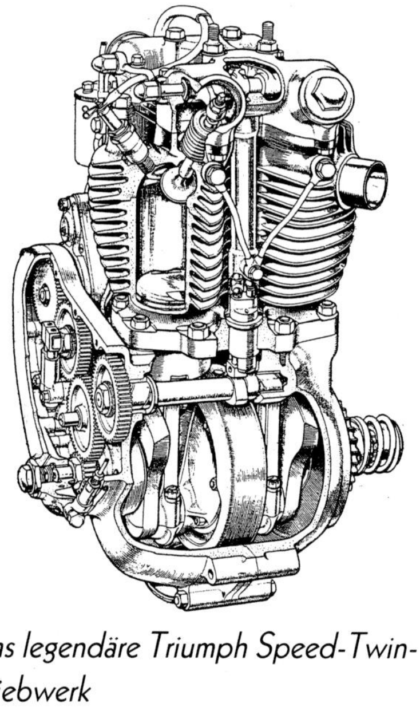

Das legendäre Triumph Speed-Twin-Triebwerk

neuen Markt erschloß, geschah dies im wesentlichen mit Parallel-Twins von 125 ccm bis 450 ccm.

Früher als beim Viertakter setzte sich der Zweizylinder in Zweitaktkreisen durch. Dies lag hauptsächlich an den englischen Scott-Maschinen, die auch auf dem Kontinent Eindruck machten und zu Kopien und Neukonstruktionen anregten.

Nach dem Zweiten Weltkrieg erlebte der Zweitakt-Twin in Deutschland mit den Adler-Maschinen und den ILO-Einbaumotoren eine kurze Blüte, die in Italien mit den Rumi- und Motobi-Modellen eine Entsprechung fand. Zu weltweiter Verbreitung führte ihn die japanische Konkurrenz von Honda, die dem Vorreiter leistungsmäßig Paroli bieten wollte. Suzuki, Yamaha, Kawasaki stiegen in den sechziger und siebziger Jahren mit Twins von 125 ccm bis 500 ccm Hubraum groß ins Geschäft ein.

Scott 1920

Das Konzept des Zweitakt-Zweizylinders feierte seine größten Triumphe in den sechziger und siebziger Jahren. Die Maschinen von Suzuki, Yamaha und Kawasaki verdrängten die Viertakt-Konkurrenten für einige Zeit aus ihren angestammten Gebieten. Zu diesem Zeitpunkt wurde in Großbritannien immer noch eine Maschine in Kleinstserie gefertigt, die bereits auf eine Entwicklungsgeschichte von 60 Jahren zurückblikken konnte und damit der Urahn all der damals "brandneuen" Twins war.

Es handelte sich um eine 700-ccm-Maschine namens "Silk". Kenner erkannten aber sofort, was eigentlich in ihr steckte: eine Scott. Dieser Name war jahrzehntelang ein Synonym für das Zweitakt-Zweizylinder-Konzept. Schon 1908 lieferte Alfred A. Scott einen wassergekühlten Twin mit Zweiganggetriebe, Fußschaltung und einem unorthodoxen Rahmen. Er besaß eine Art Durchstieg und beherbergte den Motor schräg nach vorne geneigt zwischen einer stabilen Konstruktion aus geraden Rohren. Besonders fiel der Tank auf, der aussah wie eine Hutschachtel und unter dem Sattel angebracht war. Dank zahlreicher Sporterfolge inklusive TT-Siegen erstritt Scott dem Zweitaktprinzip die Anerkennung der Motorradwelt.

In den zwanziger und dreißiger Jahren zählten die "Squirrels" und "Flying Squirrels" (Fliegende Eichhörnchen) mit 500 ccm und 600 ccm Hubraum zur crême de la crême auf dem Zweiradsektor. Nach dem Krieg war das Scott-Triebwerk schon eine altehrwürdige Konstruktion mit Museumswert, wurde aber auf Wunsch einer ebenso altehrwürdigen Fahrer-Klientel wieder aufgelegt und sogar in einen Rahmen mit Hinterradschwinge gehievt. Ihr letztes Stadium erreichte die Anfangsidee in der oben erwähnten Silk. Mit Transistorzündung, Telegabel, Gußrädern, Heckbürzel und Scheiben-

Zwei Scott-Maschinen. Bei der oberen Halbliter-Version kündigen sich schon die dreißiger Jahre an. Unten sind die Eigenheiten der Urkonstruktion (Durchstieg, Tonnen-Tank) noch erhalten (600 ccm, Baujahr 1920)

bremsen machte der Greis im Sportanzug keine schlechte Figur. 1980 trat dieses Liebhaberstück dann in den endgültigen Ruhestand.

DKW 1930

In den zwanziger und dreißiger Jahren galten Zweitakter als billige und einfache Gebrauchstriebwerke der Unter- und Mittelklasse. Wer ein Motorrad mit sportlicher Leistung oder viel Hubraum suchte, wählte selbstverständlich einen Viertakter, beispielsweise eine Einzylindermaschine mit 500 ccm oder 600 ccm Hubraum und ohv-Steuerung.

Zweitakter in dieser Größe waren problematisch, zumindest, wenn es der Konstrukteur bei einem Zylinder belassen hatte. Ab 250 ccm wurden die Steuer- und Spülvorgänge schon kritisch, über 350 ccm gab es auf diesem Gebiet mehr Verluste als Gewinne durch Hubraumzuwachs.

350 ccm waren deswegen auch beim Zweitakt-Pionier DKW die Obergrenze für Einzylindermaschinen. Als die Zschopauer Marke nach ihren überwältigenden Erfolgen bei den Leichtmotorrädern in die Mittel- bzw. Oberklasse aufsteigen wollte, hieß es, dem Einzylinder Lebewohl sagen. 1926 stellte man die Z 500 vor, einen luftgekühlten Zweitakt-Twin. Der Fahrtwind reichte dem hitzigen Triebwerk nicht aus; bald erhielt es eine Wasserkühlung.

1930 kam die nächste Generation, nun mit Rohr- oder Preßstahlrahmen und Dreigang-Blockmotoren ausgerüstet. Zwischen einer 500er mit Fahrtwindkühlung (14 PS), mit Wasserkühlung (18 PS) und einer wassergekühlten 600er (22 PS) konnten die Käufer wählen. 1935 brachte die SB 500 mit elektrischem Anlasser und Doppelscheinwerfer einen Hauch von Luxus in diese Modellreihe. Den Abschluß bildete die NZ 500 (1938) mit Vierganggetriebe und Hinterradfederung, von der nur noch wenige

Den Aufstieg zu sportlichen Motorrädern bewerkstelligte DKW mit Zweitakttwins von 500 und 600 ccm Hubraum

Exemplare vor Kriegsbeginn entstanden. Im DKW-Gesamtumsatz schlugen die Twins kaum zu Buche. Zwischen 1927 und 1940 produzierte DKW rund eine halbe Million Motorräder. Die Zweizylinder mit 500 ccm und 600 ccm Hubraum brachten es auf etwa 5 000 Exemplare - ein Prozent der Gesamtmenge. Dementsprechend rar sind sie heute als Sammlerstücke.

Halbliter-Doppelkolben-Twin von Puch (1937)

Puch 1937

Mut bewiesen die Konstrukteure des Grazer Herstellers Puch im Jahre 1930. Sie hatten seit 1923 robuste Zweitakt-Einzylinder geschaffen. Nun stand ein Zweizylinder-Modell auf dem Plan. Unerschrokken setzte man die beiden Verbrennungsräume hintereinander. Damit führte der rückwärtige Kolben, ständig von Wärmeproblemen bedroht, ein riskantes Leben. Nicht umsonst hatte Alfred Scott die beiden Zylinder seines Triebwerkes nebeneinander angeordnet und mit Wasser gekühlt. Puch war aber an diese Bauweise gebunden. Denn der Twin war durch Verdoppelung eines Einzylinders entstanden, dessen Kurbelwelle längs rotierte - also konnte ein zweiter Zylinder nur in dieser Ebene angebaut werden. Die längs rotierende Kurbelwelle wiederum ergab sich aus einer Puch-Besonderheit: Die Grazer frönten konsequent der Doppelkolben-Bauweise. Dabei wurde die Arbeit eines Kolbens auf zwei verteilt: einer steuerte den Auslaß, der andere das Überströmen. So ließen sich die Frischgasverluste des Zweitakters einigermaßen in Grenzen halten. Die Kolben saßen auf einem Pleuel, das sich oben gabelte, liefen in eigenen Bohrungen, besaßen aber einen gemeinsamen Brennraum.

Bei dieser Bauweise müssen die Bohrungen hintereinander liegen, wenn die Kurbelwelle quer rotieren soll. Ordnet man die Bohrungen zur besseren Kühlung nebeneinander an, läuft die Kurbelwelle notwendigerweise längs. Die Zweizylinder-Puch besaß also vier (rechteckig angeordnete) Bohrungen, vier Kolben, zwei Zylinder, zwei Brennräume und damit auch nur zwei Zündkerzen.

Hätte man die Zylinder nebeneinander anordnen wollen, wären entweder zwei Kurbelwellen oder hintereinander liegende Bohrungen erforderlich gewesen. Die aber wollte man ja ursprünglich vermeiden. Puchs Doppelkolben-Twin: Ein interessanter Beitrag zu dem Thema "Mensch und Maschine" oder: "Wer schlägt wem ein Schnippchen?"

Triumph 1950

In den zwanziger und dreißiger Jahren waren es die Viertakt-Einzylinder, mit denen britische Hersteller nachhaltig beeindruckten. Nach dem Krieg traten die großen Parallel-Twins an ihre Stelle. Sei es Norton, BSA, Royal Enfiel, Matchless oder Velocette - fast jeder der großen Hersteller bot entsprechende Maschinen an. Angefangen hatte die ganze Sache aber mit einem Modell, das die Firma Triumph im Jahr 1937 herausbrachte, und das auf

Schnittzeichnungen des Speed-Twin-Triebwerks

Nach dem Zweiten Weltkrieg besaß der Speed Twin zwar eine Telegabel, aber keine Hinterradfederung. Auf Wunsch gab es eine federnde Nabe. Unten: Triumph-Prospekt von 1950

Anhieb so überzeugte, daß der Konkurrenz gar nichts anderes übrigblieb, als den Entwurf zu übernehmen. Die Traditionsfirma Triumph, in Coventry beheimatet, hatte sich seit 1903 vorrangig mit Einzylindermodellen beschäftigt. 1936 kam das Unternehmen unter die Kontrolle von Jack Sangster, dem schon die Ariel-Werke in Birmingham gehörten. Sangster brachte Edward Turner mit, der für ihn zuvor die sensatio-

nelle Ariel Square Four geschaffen hatte, setzte ihn als Chefkonstrukteur ein und erwartete zur Rettung und Konsolidierung der Marke ein ähnlich epochales Triebwerk wie den quadratischen Vierzylinder. Was Turner auch prompt lieferte. Wie schon bei der Square Four ging er von den Abmessungen eines großen Einzylinders aus und konstruierte ein sportliches Mehrzylindertriebwerk, das mit diesem Platz auskam. Sein 500-ccm-"Speed-Twin" paßte in den Rahmen des Einzylindermodells Tiger 90, war schmal und zierlich, gleichzeitig aber zu deutlich höheren Leistungen fähig als gleich große Singles. Das bewies 1939 das Modell T 100, das über 160 km/h lief. Die Technik des Speed Twin in Kurzform: Im Starrahmen mit Trapezgabel saß ein langhubiger Zweizylinder mit ohv-Steuerung, dreiteiliger 360°-Kurbelwelle, Trockensumpfschmierung, Graugußzylinder und -kopf. Der Motor leistete 26 PS, die eine Kette an das externe Vierganggetriebe weiterleitete.

Norton 1955

Der überwältigende Erfolg der Triumph "Speed Twin", einer Halbliter-Zweizylinder-Maschine, die 1937 herauskam, inspirierte die einheimische Konkurrenz schnell zu ähnlichen Konstruktionen. Auch auf den Schreibtischen der Norton-Konstruktionsabteilung fanden sich bald entsprechende Unterlagen. Der

Norton Dominator de Luxe im Federbettrahmen (1955)

Zweite Weltkrieg, während dessen Norton verschiedene Modelle an das Militär lieferte, unterbrach die Arbeit an dem neuen Twin. Erst Ende 1948 konnte man ihn dem gespannten Publikum präsentieren. Das Fahrwerk entsprach dem 500-ccm-Einzylinder ES 2. Dessen Hub von 100 mm schränkte die möglichen Drehzahlen und damit die Leistungsausbeute stark ein. Nun verteilte man den halben Liter Hubraum auf zwei Mal 250 ccm, die sich aus jeweils 66 mm Bohrung und 73 mm Hub errechneten. 29 PS bei 6000 U/min waren das Resultat, gegenüber 22 PS des Einzylinders.

Modell 7 Dominator hieß der neue Norton Twin. Um diesem Namen gerecht zu werden, erhielt die Konstruktion in den folgenden Dekaden einige Kraftspritzen. Sie harrte in der Endversion "Commando" immerhin bis in die siebziger Jahre aus. Hatte sich zu guter Letzt gegenüber dem Anfangsmodell aber deutlich verändert. 1952 gab man dem Motor ein neues Fahrwerk mit auf den Weg: den legendären "Federbett"-Rahmen, eine Doppelschleifen-Konstruktion, die 1950 im Rennsport ihr Debüt gegeben hatte. 1957 wurde auf 600 ccm Hubraum aufgebohrt, 1961 waren es 650 ccm, ein Jahr später 750 ccm.

Die großen Twins rüttelten und schüttelten mittlerweile gewaltig. 1967 erhielt der große Twin daher das "vibrationssichere" Isolastic-Fahrgestell und hieß Commando. Auf 829 ccm wurde das betagte Stoßstangen-Triebwerk 1973 aufgeblasen und bis 1978 in immer geringeren Stückzahlen gefertigt.

BSA 1961

Café Racer BSA Rocket Gold Star, 1993 mit Teilen aus den frühen Sechzigern aufgebaut

Der britische Motorrad-Riese BSA hatte sich in der ersten Hälfte dieses Jahrhunderts auf Einzylinder- und V-Maschinen konzentriert. Dabei mangelte es der Marke an dem sportlichen Image, das die Konkurrenz oftmals vorweisen konnte. Dies änderte sich im Jahre 1938. Damals erschien der ohv-Einzylinder "Gold Star", ausgezeichnet durch Höchstleistungen auf der Brooklands-Bahn und bald dazu ausersehen, Legionen von Renn-Amateuren das Leben zu versüßen. Bis 1963 blieb die Gold Star in Produktion. Es gab Halb-literversionen und kleinere 350-ccm-Modelle, Trial-, Cross- und Straßenausführungen. Zudem lieferte BSA zahlreiche Umrüstteile, die die Basisversion fast in eine High-Tech-Maschine verwandelten. Dermaßen umgewandelt, war die "Goldie" Dauerabonnentin auf die Siege der englischen "Clubman's TT", einem Rennen für Serienmaschinen, zwischen 1947 und 1957 auf dem klassischen TT-Kurs ausgetragen.

Für reinen Straßenbetrieb hatte sich BSA 1946 der Zweizylinder-Mode angeschlossen und seinen ersten Parallel-Twin vorgestellt. A 7 hieß die Halblitermaschine, der 1950 eine 650-ccm-Erweiterung mit der Bezeichnung A 10 folgte. Das Spitzenmodell "Super Rocket" von 1957 lieferte immerhin 43 PS und war im Gegensatz zur Gold Star relativ einfach zu frisieren, ohne daß die Alltagstauglichkeit darunter stark zu leiden hatte. 1959 fanden beide Entwicklungslinien zusammen. Mit Hilfe von Gold-Star-Gabeln, Bremsen und Getrieben motzten Umbauspezialisten wie die Firma Taylor Dow die Straßenmaschinen auf. Nun konnten auch BSA-Freunde im "Special"-Fieber der später fünfziger Jahre Umbauten wie der "Triton" etwas Adäquates entgegensetzen. Als Rocket Gold Star bot das Werk 1962 selbst den Umbau an. Knapp 2 000 Werks-Rocket-Gold-Star entstanden und zäh-len heute zu den teuersten Maschinen der Nachkriegs-Veteranen-Szene. Fast ebenso viel kostet es übrigens, einen Taylor-Dow-Umbau zu rekonstruieren.

Triton 1988

Nach dem Zweiten Weltkrieg ging Triumph, zumindest was das Thema Viertakt-Twins betrifft, immer noch mit einem großen Vorsprung vor der Konkurrenz ins Rennen, die nun ebenfalls auf die großen Zweizylinder setzte. Im Laufe der folgenden Jahrzehnte modernisierte sich der Speed Twin in Fahrwerk und Ausstattung und legte außerdem noch einige ccm zu: 1946 kam die 650-ccm-Thunderbird, 1959 eine schnelle Zweivergaser-Version mit Namen Bonneville, Mitte der Siebziger mutete man der Urkonstruktion auf ihre alten Tage gar 750 ccm zu.

Die Konkurrenz hatte aber auch nicht geschlagen und lockte die Kunden beispielsweise mit hervorragenden Fahrwerken. Die Triumph-Motoren standen bei den Freunden schneller Maschinen in höchstem Ansehen, nicht aber die dazugehörigen Fahrwerke. Norton lieferte mit seinem "Federbett-Rahmen" ein wesentlich solideres Produkt. Warum also nicht beides als "Best-of-Mischung" kombinieren?

So entstanden Ende der fünfziger Jahre die englischen "Specials", beispielsweise als Triumph/Norton-Mischung, die dann Triton genannt wurde. Diese Maschinen waren vor allem in der britischen Rocker-Szene anzutreffen, wo technisch und optisch optimales Material gefragt war. Erstens als Café-Racer zum Posieren, zweitens als genauestens präpariertes Gerät, das jederzeit die magische 100-Meilen-Marke (160 km/h) schaffte. "Crack the ton" nannte sich dieser Spaß, auf britischen Landstraßen eine Art Mutprobe mit starkem subkulturellen Prestigewert.

Verschiedene Hersteller lieferten Tanks, Motorhaltebleche, Sitzbänke und andere Teile, um den Garagenbastlern die Arbeit zu erleichtern. Sie waren so lange erfolgreich, bis Maschinen auftauchten, die in der Serie das brachten, was man von den mühsam zusammengeschraubten Specials erwartet hatte. Beispielsweise die Norton Dominator 650 SS, Triumphs "Ölrahmen"-Modelle oder die japanischen Vierzylinder.

Triton heißen die edlen "Specials" mit Norton-Rahmen und Triumph-Motor. Hier eine zeitgemäße Rekonstruktion von 1988

Honda 1961

Zu Hause war der Japaner Soichiro Honda mit seinen Leichtmotorrädern seit 1946 gut im Geschäft. 1959 wagte er den Sprung über den Ozean, um auf dem amerikanischen Markt Fuß zu fassen. Mit Hilfe eines kleinen 50-ccm-Viertakters und einer großen Werbekampagne verhalf Honda dem Motorrad in den USA zu einem völlig neuen Publikum.

Dank einer intensiven Image-Retusche wandelte es sich vom monströsen Outlaw-Vehikel, mit dem bärtige, schwarzlederne Unholde ganze Kleinstädte terrorisierten (wie im Film "The Wild One"), zum netten kleinen Spielzeug für schicke College-Boys, saloppe Hausfrauen und sportliche junge Paare. Man konte es gut in den Van packen oder auf den Dachge-päckträger schnallen, um dann in freier Natur Wind und Sonne auf zwei Rädern zu genießen.

So bekam Honda mit den kleinen 50-ccm-"Super Cub" den Fuß in die Tür und schob flugs immer größere Maschinen nach. Bald sorgte ein 125-ccm-Zweizylinder namens Benly CB 92 Super Sport mit 15 PS bei 10500 U/min für Furore.

Eine 250-ccm-Maschine ähnlicher Auslegung brachte schließlich die Anerkennung in der international wichtigen Mittelklasse.

C 72 hieß das Basismodell und sah mit dem Preßstahlrahmen, den geschwungenen Schutzblechen und der 16-Zoll-Bereifung ein wenig pummelig und altbacken aus. Was aber viel mehr interessierte war der Motor, der dieses Fahrwerk in Bewegung brachte. Von "Renntechnik für die Straße" war damals die Rede. Damit waren obenliegende Nockenwelle, Zweizylinder-Motor, 20 PS Leistung und 130 km/h Höchstgeschwindigkeit gemeint. Als Dreingabe: 12-Volt-Elektrik und ein Elektrostarter. Die Modellbezeichnung "Dream" schien nicht übertrieben.

Wer mehr Dampf wollte, konnte zur 300-ccm-Version C 77 greifen. Sie brachte 24 PS. Ebensoviel leistete das 250-ccm-Sportmodell CB 72. Mit dieser Maschine brach 1961 in Europa das japanische Zeitalter und damit die Motorrad-Neuzeit an. Telegabel, Rohrrahmen, Duplexbremsen und eine Zwei-Vergaser-Anlage sprachen eine deutliche Sprache. Sportlichkeit war angesagt.

Ein weiteres Indiz dafür: die 180°-Kurbelwelle, die von Wettbewerbsmaschinen bekannt war. "Reinrassige Rennpferde für jedermann dressiert!" schrieb ein deutscher Fachjournalist begeistert über dieses Motorrad.

Die CB 72 setzte in der Viertelliter-Klasse den Standard, an dem sich die Konkurrenz weltweit messen lassen mußte. Sie benutzte anfänglich Zweitakter, um zu ähnlichen Leistungen zu gelangen, schwenkte aber letztendlich komplett ins Viertakt-Lager um, wo Honda bis in die achtziger Jahre den Ton angab. Den sportlichen Mittelklasse-Twin mit ohc-Steuerung hatte fast jeder grössere Hersteller einmal im Sortiment. Auch in dieser Hinsicht kam niemand an Honda und der CB 72 vorbei.

Honda CA 77

Honda 1965

Der Weg, den Soichiro Honda nach dem Zweiten Weltkrieg eingeschlagen hatte, führte ihn steil nach oben. Sein 50-ccm-Leichtmotorrad "Super Cub" sollte sich rund 20 Millionen Mal verkaufen. Auch andere Modelle erreichten Stückzahlen, die Kenner der Motorradbranche in den fünfziger und sechziger Jahren für unmöglich gehalten hatten.

Parallel zu den Absatzzahlen stiegen auch die Hubräume. Ein Meilenstein stellt in dieser Hinsicht das Modell CB 450 dar, das 1965 erschien. Mit ihm gelang es dem japanischen Unternehmen, in die Refugien der traditionellen Hersteller aus Europa einzubrechen und dort die Überlegenheit der eigenen Bauweise zu demonstrieren. Diese basierte auf dem Motto: "Drehzahl statt Hubraum", wie es eine Honda-Anzeige in Großbritannien propagierte.

Mit der CB 450 tat Honda den Schritt in die Klasse der schweren Motorräder

Wer sich in den fünfziger Jahren ein großes Motorrad zulegen wollte, griff zu einem Halbliter-ohv-Viertakt-Twin mit einer Leistung von etwa 25 PS. Für diejenigen, denen das noch zu wenig war, standen Aufbohr-Versionen mit 600 ccm oder 650 ccm zur Verfügung, die bestenfalls bei etwa 45 PS lagen. Eine Triumph Bonneville oder eine BMW R 69 entsprachen diesem Typus. Man konnte sie noch weiter aufblasen, erntete dabei aber jede Menge Vibrationen, einen Haufen mechanischer Probleme und kaum Leistung.

Sinnvoller (aber für den Konstrukteur auch wesentlich komplizierter) war es, die großen Einzelhubräume auf kleinere Einheiten zu verteilen, diese mit drehzahlfester ohc-Steuerung zu versehen und so Drehzahl- und Leistungsniveau zu steigern. Ein Vergleich aus dem Jahr 1961: Eine Einzylinder BMW R 26 mit 250 ccm Hubraum und ohv-Steuerung brachte mit Ach und Krach 18 PS bei riskanten 7400 U/min zustande; die Honda CB 72 holte aus dem gleichen Hubraum dank Zweizylinder-ohc-Technik 24 PS bei problemlosen 8000 U/min.

Um die Leistung der großen europäischen Twins zu erreichen, benötigte Honda keineswegs deren Hubraumniveau. 1965 erschien ein Sportmodell mit 450 ccm Hubraum, das 43 PS bei 8500 U/ min leistete. Der Motor konnte schnell bis an die fünfstellige Grenze gedreht werden und lieferte Sprints und Höchstgeschwindigkeiten um 180 km/h. Die Technik wies einige Großserien-Novitäten auf: einen Zylinderkopf mit zwei kettengetriebenen Nockenwellen und Ventilen mit Torsionsfedern; außerdem zwei Unterdruckvergaser, die ohne "Loch" beschleunigen halfen. 1968 waren die Maximalleistung auf 45 PS und die Drehzahlen auf 9000 U/min gestiegen und das Getriebe hatte einen fünften Gang erhalten. Die Lackierung und die gedrungene Erscheinung gaben der CB 450 den Spitznamen "Schwarzer Bomber". Eine vor allem aus Sicht britischer Hersteller treffende Bezeichnung. Denn dieses Modell riß ihnen gewaltige Löcher in die Produktion. Kaum hatten sich Triumph, BSA, Norton und Co. vom ersten Schrekken erholt, traf die nächste Hiobsbotschaft ein. Sie lautete schlicht: CB 750 Four.

Dreizylinder

Die Dreizylinder-Motorräder sind (oder waren) ein Kind der sechziger Jahre. Man könnte sie als Twins bezeichnen, die auf dem Weg zum Vierzylinder aus mannigfachen Gründen steckengeblieben sind. Drei Kolben, die auf- und abgehen, erreichen nicht die Laufkultur eines Vierzylinders. Drei Zylinder sehen aber imposant aus, und aus drei Zylindern läßt sich bei gleichem Hubraum schon etwas mehr herauskitzeln als aus einem Twin. Diese klare Strategie verfolgten beispielsweise Suzuki und Kawasaki und der französische Hersteller Motobecane mit ihren brachialen Zweitaktern der siebziger Jahre.

Die britischen Twins von BSA und Triumph hängen dagegen aus heutiger Sicht ein wenig in der Luft: zwischen der ohv-Twin-Vergangenheit und einer (wie sich herausstellen sollte) imaginären ohc-Vierzylinder-Zukunft. Vierzig Jahre zuvor hatte sich Moto Guzzi mit einer 500-ccm-Maschine, die einen liegenden ohv-Dreizylinder besaß, auf dem Markt eine blutige Nase geholt. Mangels Interesse lief eine Serie nie an. Durch Modelle von Yamaha, BMW und Triumph haben sich Dreizylindermaschinen in der jüngsten Vergangenheit einen Stammplatz bei Käufern, die nicht auf die Zahl der Vier fixiert sind, gesichert.

Triumph 1975

Zahlreich waren einst die Firmen auf der britischen Insel, die Motorräder herstellten. In den zwanziger Jahren erreichte dieser Industriezweig seine Blütezeit. Seit den Dreißigern ließ sich eine deutliche Konzentrationsbewegung erkennen, nahmen Pleiten und Aufkäufe rapide zu. Ariel kaufte Triumph, Matchless erwarb AJS und Sunbeam und bildete den AMC-Konzern. Dieser Trend setzte sich nach dem Krieg fort. BSA erwarb die Ariel/Triumph-Einheit. AMC verleibte sich Norton ein. In den sechziger Jahren schrumpfte die Substanz noch einmal gewaltig, um schließlich 1973 alle "Überlebenden" im NVT-Konzern (Norton-Villiers-Triumph) zu vereinen.

Die letzte Innovation dieser aussterbenden Gattung, die ihr Leben tragischerweise im dritten großen Motorrad-Boom dieses Jahrhunderts aushauchte, waren wahrscheinlich die großen 750-ccm-Dreizylindermaschinen. Sie waren bei Triumph entwickelt worden und liefen parallel unter den Markenzeichen von BSA und Triumph. "Trident" nannte sich das Triumph-Produkt, "Rocket III" das BSA-Pendant.

Dreizylinder-Motor

Aus Marketing-Gründen variierte man das Erscheinungsbild der beiden Modelle beträchtlich, obwohl sie sich von einer einzigen Konstruktion herleiteten. Die BSA besaß schräg nach vorne geneigte Zylinder und einen Doppelschleifen-Rahmen. Das Triumph-Modell unterschied sich durch (anfänglich) aufrecht stehende Zylinder, einen einfacheren Rahmen und andere Gehäusedeckel. Dieser Entwurf stammte aus den frühen sechziger Jahren, fand aber erst 1968 den Weg in die Serie. Zu spät, um noch seinen Zweck zu erfüllen. Die "Gelbe Gefahr", die

Triumph Trident eher britisch konservativ (oben) oder spektakulär amerikanisch (unten, Version Hurricane)

"japanische Invasion" war nicht mehr aufzuhalten. Weder mit unverhohlen rassistischen Sprüchen, noch mit klassisch-englischer Motorradtechnik. In den Dreizylindermaschinen war sie noch einmal konzentriert worden: ohv-Steuerung, Luftkühlung, Zylindereinheiten um 250 ccm, Trockensumpfschmierung, Primärantrieb über (Dreifach-)Kette, gemischte Kurbelwellenlagerung mit Wälz- und Gleitlagern. Im Prinzip hatten die Triumph-Techniker einen 500-ccm-Parallel-Twin um einen weiteren Zylinder ergänzt. Die Kurbelwelle arbeitet nun aber nicht mehr mit 360°, sondern mit 120° – viele Vibrationsprobleme waren damit gelöst.

Aus den 740 ccm Hubraum holte das Triebwerk 58 PS bei 7250 U/min, womit immerhin knapp 190km/h im Bereich des Möglichen lagen. Im oberen Drehzahlbereich vibrierte der Motor immer noch kräftig, zudem verrichteten Stoßstangen und Kipphebel ihre Arbeit in diesen Momenten auch nicht ganz ohne Murren. Die Geschmeidigkeit einer ohc-Konstruktion ging den Dreizylindern ab. Trotzdem erzielten sie beeindruckende Fahrleistungen.

Ein Hauptargument gegen die japanische ohc-Konkurrenz hatte immer gelautet: "Wer stellt solch komplizierte Motoren ein?" Als heikel erwiesen sich in dieser Hinsicht nun aber nicht die Schöpfungen aus Nippon, sondern die englischen Einfach-Triebwerke.

1972 verschwand als erstes die BSA Rocket III vom Markt. Die Triumph Trident erhielt immerhin noch Scheibenbremsen, ein Fünfganggetriebe und einen Elektrostarter, bevor sie 1975 der Rocket III auf dem Weg ins Reich der Chroniken, Legenden und Museen folgte.

Kawasaki 1973

Ende der sechziger Jahre war der dritte Motorradboom dieses Jahrhunderts in vollem Gange. Er hatte in völlig neues Publikum aktiviert: die 18- bis 25jährigen, die ihr Selbstbewußtsein mit langen Haaren, Shake-Hosen und Minirock demonstrierten. Sie dachten beim Motorradkauf weniger an Zuverlässigkeit und solide Wertarbeit, die ihnen möglicherweise zehn Jahre problemlosen Transport zum Arbeitsplatz garantierten. Was zählte, waren Show und Speed. Die Hersteller mußten also Leistung anbieten. Während der Schrittmacher und Marktführer Honda seine Viertaktlinie konsequent ausbaute, vertrauten die übrigen Hersteller aus Japan auf Zweitaktmotoren, die im Rennsport Überlegenheit bewiesen.

Kawasaki brachte 1968 frischen Wind in die Zweitaktszene, in der bislang Zweizylinder-Modelle den Ton angegeben hatten. Mach III nannte sich eine Dreizylinder-Halblitermaschine, die neue Rekorde in der 500-ccm-Klasse lieferte. 59 PS aus 499 ccm waren kein Pappenstiel und zur damaligen Zeit eine echte Sensation; die Art der Leistungsentfaltung sprengte alle Vorstellungen, die man sich bis dahin von einem Straßenmotorrad gemacht hatte. "Giftig", "bissig", "unberechenbar" nannten Tester und Besitzer die Maschine. Bis etwa 6000 U/min beschleunigte der Motor, wie man es von einem kräftigen Zweitakter dieser Kategorie erwarten konnte. Bei weiterer Betätigung des Gasgriffs stand unversehens mehr Kraft zur Verfügung, als manchem Fahrer lieb sein konnte. Die Maschine hob ihr Vorderrad oder schmierte in Schräglage bei durchdrehenden Reifen weg, die nächste Kurve war plötzlich viel zu früh da. "Rodeo-Motorrad" nannten die Amerikaner die Mach III und spielten auf die unfreiwilligen Dauerwheelies an, die Fahrern mit unsensiblen Handgelenken drohten.

Kawasakis Dreizylinder Mach IV mit 750 ccm bot 74 PS und 200 km/h

Man beachte die Unterzeile, die die Angst vorm "Rodeo-Motorrad" nehmen soll

Technisch gesehen hatte Kawasaki keine Wunderwaffe eingesetzt. Luftkühlung, Schlitzsteuerung, Kettenantrieb und Fünfganggetriebe waren keine spektakulären Details. Die Japaner zeigten einfach, was aus einem gut abgestimmten Zweitakter zu holen war. Die beeindruckenden Fähigkeiten der Mach III (offizielle Bezeichnung: H 1) resultierten aus dem Zusammenwirken mehrerer Faktoren: kräftiger Motor mit steiler Leistungsspitze, leichtes und kurzes Fahrwerk plus besonderer Gewichtsverteilung, die das Vorderrad entlastete. Die Maschine wirkte klein und konnte von der Seite für eine 250er gehalten werden.

Kawasaki brachte in der Folge eine ganze Reihe von Dreizylinder-Zweitaktern: eine 750-ccm-Version Mach IV (H 2), eine 205er Mach I (S 1), eine 350er Mach II (S 2), die bald 400 ccm Hubraum erhielt und S 3 hieß. 1976 wurde die ganze Modellfamilie überarbeitet und bekam das Kürzel KH vor der Hubraumangabe. Die Fahrwerke waren nun der Motorleistung, die aus Umweltgründen niedriger lag als bei den Vorgängern, in jedem Fall gewachsen. Gummielemente an den Motorhalterungen bewahrten Mensch und Maschine vor Vibrationen. Die Ursprungsversion war also schrittweise "entgiftet" worden.

Die Mach III hatte bei ihrem Erscheinen die Aufgabe gehabt, die Marke Kawasaki in die Schlagzeilen und untrennbar mit dem Begriff Leistung in Verbindung zu bringen; dies war gelungen. Sie war aber unberechenbar auf der Straße und stellte auf Dauer als Modell im Angebot des Herstellers eine gewisse Gefahr dar. Der Nachfolger KH 500 benahm sich wesentlich "sozialverträglicher". Schon die 750-ccm-Mach IV von 1971 hatte sich etwas ausgeglichener verhalten, obwohl sie natürlich auch von dem Begriff der "totalen Leistung" (Kawasaki-Werbung) lebte. Konkurrenzlose 74 PS garantierten 200 km/h und bewogen 1972 einen Besitzer zu folgender Kleinanzeige: "750er Kawasaki, 2200 km, wegen Angst abzugeben". Ein ehrlicher Fahrer oder ein besonders subtiler Verkaufstrick?

Suzuki 1971

Kawasakis 500-ccm-"Mach III", das "schnellste Serienmotorrad" (Werbetext) sorgte ab 1968 für Unruhe - auf den Straßen und in den Marketing-Abteilungen der anderen Hersteller. Yamaha blieb aber bei seinen Twins, Honda hatte eh' mit der 750-ccm-Vierzylinder keine Prestige- oder Verkaufsprobleme, Suzuki dagegen ließ sich von der Dreizylinder-Mode anstecken und präsentierte 1971 einen 750-ccm-Drilling mit Wasserkühlung.

Man hatte zwar schon einen Halbliter-Twin mit knapp 50 PS im Programm, wollte aber der Honda CB 750 und Kawasakis Mach III Paroli bieten. Die neue Maschine hieß GT 750, und diese Bezeichnung stellte schon klar, was den Suzuki-Ingenieuren im Gegensatz zu ihren Kollegen aus dem Hause Kawasaki vorschwebte: eine sportliche Tourenmaschine mit ausreichender Beschleunigung und angemessener Höchstgeschwindigkeit, ein standfestes Motorrad für schnelle Bewältigung großer Strecken, wozu Kawasakis Sprinter nicht konzipiert waren. Moderate 52 PS leistete der "Was-

Nach der GT 750 (oben) präsentierte Suzuki 1972 die luftgekühlte GT 380

serbüffel" und zog damit seine 250 kg auf 185 km/h hoch. 1972 erweiterte Suzuki das Dreizylinderprogramm um zwei luftgekühlte Maschinen, die GT 380 (32 PS) und die GT 550 (50 PS). 1974 wurde die Leistung der GT 750 auf 63 PS aufgestockt, wohl um bei einem Publikum, das sich primär an Papierwerten berauschte, nicht in Vergessenheit zu geraten. Die typischen "Wasserbüffel"-Fahrer beeindruckte aber mehr die Laufkultur und das Drehmoment ihrer Maschinen, die nicht selten Gespann-Dienste verrichteten oder sogar im Polizeidienst patroullierten.

Münch Prototyp 1972

Friedel Münch fertigte ab 1966 seine aufwendigen Vierzylinder-Maschinen mit NSU-Motor für ein handverlesenes Publikum. Um beim großen Motorrad-Boom nicht nur technisch, sondern auch kommerziell gut dazustehen, war die Münch 4 (alias "Mammut") aber viel zu aufwendig in der Fertigung. Friedel Münch spielte deswegen verschiedene andere Konzepte in Gedanken durch und landete schließlich beim Zweitakt-Dreizylinder, wie ihn die japanische Konkurrenz in diversen Modellen lieferte.

Ein Dreizylinder-Zweitakter zwischen 500 ccm und 750 ccm war beim Stand der technischen Entwicklung in der Lage, genügend Leistung zu bringen, um dem Namen Münch keine Schande zu machen. Er war wesentlich einfacher herzustellen als ein entsprechendes Viertakttriebwerk, vor allem, wenn man auf Großserienteile zugreifen konnte. Und er war vielleicht in der Lage, die japanische Konkurrenz auszustechen, sofern man ihm ein gutes Fahrwerk mit auf den Weg gab.

Die Großserien-Teile ortete Münch beim Motor-Grossisten Fichtel & Sachs. Eine Reihe von Schneemobil-Triebwerken des Schweinfurter Herstellers schien die geeignete Ausgangsbasis. Ein daraus entwickelter Motorrad-Dreizylinder kam auf 600 ccm Hubraum und etwa 70 PS Leistung. Die Sache entwickelte sich immerhin soweit, daß ein Prototyp auf die Beine gestellt wurde. In einem modifizierten Münch-Rahmen saß der Dreizylinder, den Münch mit einem Norton-Triebwerk kombinierte. Vorder- und Hinterradnaben entsprachen der Münch 4.

Auspuffanlage und Tank wurden speziell für die Münch 3 gestaltet.

Mit hochwertigen Ausrüstungsdetails wie Koni-Federbeinen und Rickmann-Gabeln peilte Münch einen Verkaufspreis von weniger als 10 000 DM an. Prospekte gingen in Druck, der Prototyp wurde auf der IFMA 1972 ausgestellt - und schon kurz darauf war der Dreizylinder Motorradgeschichte. Finanzielle Probleme bei Produktion und Vermarktung des Münch-Vierzylinders führten zu Konkursen, Umzügen und Neuformierungen, das Zweitakt-Projekt wurde unter "unnötiger Ballast" abgehakt. Der Prototyp von 1972 ist erhalten geblieben und ziert heute die umfangreiche Sammlung eines Münch-Enthusiasten.

Ein Münch-Sammler fand vor einigen Jahren den einzigen Prototyp der Münch Zweitakt-Dreizylinder. Den Sachs-Motor wollte Münch mit einem Norton-Getriebe kombinieren

Vierzylinder

Vierzylinder-Motorräder stehen heute an jeder Strassenecke. Seit einem Vierteljahrhundert haben sie sich in beinahe allen Hubraumklassen etabliert, bei den größeren Maschinen fast monopolartig. Ihr Status hat sich gegenüber der Vorkriegszeit ganz deutlich gewandelt. In den zwanziger oder dreißiger Jahren stellte eine Vierzylindermaschine eine Ausnahmeerscheinung dar. Es handelte sich dabei meist um ein großes Tourenmotorrad mit längs eingebautem Triebwerk, wie es beispielsweise FN, Nimbus oder Indian lieferten.

Startschuß in die Motorradgegenwart: Honda CB 750

Im Rennsport tauchten in den dreißiger Jahren die ersten quer eingebauten Quadros auf. Sie waren optimal zu kühlen, aus ihnen konnte nun maximale Leistung herausgekitzelt werden. Die italienische MV Agusta ist ein direkter Abkömmlung dieser Linie, und auch die japanischen Vierzylinder gehen letztendlich auf diesen Trend zurück. Die Renntechnik konnte allerdings erst in den Strassenverkehr kommen, nachdem zwei wichtige Vorbedingungen erfüllt waren: Das Motorrad hatte die Rolle des Transportmittels abgelegt und war in ein neues sportliches Freizeit-Gewand geschlüpft und die Hersteller hatten ein Produktionsniveau erreicht, auf dem die Montagearbeit von Hand stark reduziert war und die komplexen Fertigungsvorgänge um automatische oder halbautomatische Maschinen gruppiert werden konnten. Letzterem Punkt wird heute immer noch zu wenig Beachtung geschenkt. Die Fähigkeit, eine derartige Produktion zu planen, ist aber mindestens ebenso hoch zu veranschlagen wie die "geniale" Konstruktion eines bestimmten Modells, was gerade die Oldtimer-Szene immer noch exzessiv feiert.

Klassische Vierzylinder waren meist längs angeordnet (hier eine Nimbus von 1923)

FN 1909 / 1913

Müßte man eine Motorradgeschichte im Zeitraffer verfassen und sich auf, sagen wir einmal, zehn Maschinen beschränken, wäre eine mit Gewißheit dabei: die FN-Vierzylinder von 1904. Sie war nicht nur eine Eintagsfliege, wirkte stilbildend für eine ganze Gattung und blieb über zwanzig Jahre im Programm des Herstellers. Zudem gewährte sie einen Ausblick in die ferne Zukunft des motorisierten Zweirades, als dieses gerade erst dabei war, sich als Fortbewegungsmittel zu definieren.

Die Waffenschmiede FN hatte schon einige Erfahrung mit Fahrrädern und Leichtmotorrädern gesammelt, als sie ihre sensationelle Neuschöpfung präsentierte. In einem speziellen Fahrgestell saßen nebeneinander aufgereiht vier kleine Zylinder, jeder mit 90,5 ccm Hubraum ausgerüstet. Sie brachten zusammen drei PS auf die Kurbelwelle und von dort aus direkt per Wellenantrieb zum Hinterrad. FN hatte mit seinen Kardan-Fahrrädern schon jahrelange Erfahrung sammeln können und war deswegen in der Lage, dieses Teil mit der nötigen Präzision zu fertigen. So kombinierte die Vierzylinder-FN zwei sensationelle Innovationen und darf deswegen als einer

Heute schlicht, im Jahre 1909 sensationell: FN Vierzylinder (oben). Unten die FN von 1913

der frühen Höhepunkte der Motorradentwicklung angesehen werden. Die Maschine von 1904 begründete zwei Traditionen: eine innerhalb der FN-Produktion, die andere innerhalb der gesamten Motorradbranche. FN behielt die Vierzylinderkonstruktion bis 1926 im Programm. Da hatte sie sich aber schon recht weit vom ursprünglichen Entwurf entfernt. Dieser hatte weder Kupplung noch Getriebe besessen. Das wurde 1910 nachgereicht. Zu diesem Zeitpunkt besaß die Vierzylinder schon einen Hubraum von knapp 500 ccm.

Vier Jahre später wieder ein gewaltiger Sprung: durch Vergrößerung von Bohrung und Hub ergaben sich nun 750 ccm. Mit acht PS stand dieser Motor für damalige Verhältnisse recht gut im Futter. Nach Ende des Ersten Weltkriegs bot FN die

Dürkopp aus Bielefeld bot kurz nach FN ebenfalls einen Vierzylinder an

Vierzylindermaschine weiter an. In ihren letzten beiden Produktionsjahren mußte sie aber auf den Kardanantrieb verzichten: von 1924 bis 1926 gab es aus Kostengründen nur einfachen Kettenantrieb.

Kommen wir zum Schluß noch auf die Tradition zu sprechen, die die Vierzylinder von 1904 außerhalb des Hauses FN begründete. Natürlich fanden sich sehr schnell Nachahmer. Die Bielefelder Firma Dürkopp präsentierte 1906 ebenfalls eine Vierzylindermaschine mit längs eingebautem Motor und Kardanantrieb. Laurin & Klement, ein böhmischer Motorradpionier der k.u.k.-Monarchie, hatte ebenso schnell ein entsprechendes Modell im Programm: ein Vierzylindermotor, längs eingebaut, luftgekühlt, aber mit Kettenantrieb zum Hinterrad versehen.

So viel zum europäischen Echo auf die Vierzylinder-FN. Nachhaltiger beeinflußte sie die Entwicklung in den USA. Dort fiel der Samen auf fruchtbareren Boden. Denn von Beginn seiner Entwicklung mußte das Motorrad in Nordamerika mit dem Automobil konkurrieren. Um einigermaßen mithalten zu können, waren viel Hubraum, Langstreckentauglichkeit und ein Hauch von Luxus gefragt. Vierzylinder-Maschinen konnten das bieten. Konstrukteure und Hersteller wie Pierce oder Henderson studierten die FN deswegen sehr genau. 1909 lieferte Pierce die ersten US-Vierzylinder.

Andere Hersteller zogen nach. Bis in die vierziger Jahre gab es luftgekühlte Reihenvierzylinder, die längs eingebaut waren und in Europa als "typisch amerikanisch" galten. Und da nicht zuletzt für die Bedürfnisse der amerikanischen Käufer Maschinen wie die Honda CB 750 oder die Münch 4 entstanden, hat die FN von 1904 auch in der jüngsten Motorradgeschichte noch ein Wörtchen mitzureden.

Nimbus 1925

Wenn ein Motorradhersteller in einem kleinen Land wie Dänemark erfolgreich wirtschaften will, muß er entweder einen Exportschlager oder feste Abnehmer im Inland haben. Vor allem, wenn er ausschließlich Vierzylinder-Modelle anbietet! Die Firma Fisker, ursprünglich Produzent von Elektromotoren und Staubsaugern, konnte sich eine Motorradproduktion über viele Jahre nur erlauben, weil dänische Behörden ihre Maschinen orderten. So kamen immerhin fast vier Jahrzehnte zusammen, während derer Fisker Motorräder der Marke "Nimbus" lieferte.

1919 entstand die Ur-Nimbus. Sie bot ein überzeugendes Konzept: einen Viertakt-Vierzylinder-Reihenmotor, längs eingebaut und mit einem Dreiganggetriebe und einer Kardanwelle kombiniert. Das Triebwerk mit 750 ccm Hubraum war wechselgesteuert und brachte sieben PS. Es saß in einem unorthodoxen Rahmen, der aus einem dicken Oberrohr und angeschraubten Profilblech-Unterzügen bestand. Das Oberrohr diente auch als Tank und war für den Spitznamen der Nimbus verantwortlich. Er lautete treffend "Das Ofenrohr". Das Hinterrad war übrigens schon gefedert, zur damaligen Zeit ein ultramodernes Detail.

Diese Konstruktion fertigte Fisker bis etwa 1928. Dann trat eine kurze Zäsur ein, und 1934 war Nimbus mit einer Neuausgabe des bewährten Konzeptes da, die in verschiedenen Varianten bis 1960 verkauft wurde. Das Triebwerk verfügte nun über eine obenliegende Nockenwelle, saß in einem Doppelschleifen-Profilblech-Rahmen, hatte keine Hinterradfederung mehr, dafür aber schon eine Teleskopgabel vorne.

Die Nimbus-Vierzylinder waren mit ihren maximal 22 PS keine Sprinter, galten aber als extrem haltbar und dauerhaft. Von beiden Grundmodellen kamen rund 14 000 Exemplare in Kundenhand. Tausende davon fahren heute immer noch und demonstrieren die wohldurchdachte Konzeption eines großvolumigen Drosselmotors.

Windhoff 1928

Mehr als 50 verschiedene Marken wagten sich im Laufe der Motorradgeschichte an Vierzylindermotoren, die stehend und längs eingebaut wurden. Zwei deutsche Hersteller finden wir in diesem Feld: die Bielefelder Firma Dürkopp mit ihrer Kardanmaschine aus dem Jahre 1906 und die unorthodoxe Windhoff aus den zwanziger Jahren.

Windhoff stellte eigentlich Kühler her, lieferte aber auch kleine Zweitakt-Motorräder mit Bekamo- und anderen Motoren, viele davon wassergekühlt. Als die Berliner Firma 1927 eine 750-ccm-Viertaktmaschine mit vier Zylindern herausbrachte, durften Kenner der Marke wohl wieder ein wassergekühltes Triebwerk erwarten. Die große Windhoff blieb den typischen

Ein langes Leben besaß die dänische Nimbus, hier in einer Version von 1925

Der Motorblock diente der Vierzylinder-Windhoff als zentrales Rahmenelement. Windhoff fertigte eigentlich Kühler, verzichtete aber bei der ölgekühlten Vierzylinder auf dieses Bauteil

Kühler aber schuldig. Das ganze Motorrad schien aus einem gewaltigen Motorblock zu bestehen, der fast zur Gänze mit längs laufenden Kühlerrippen versehen war. Und ausgerechnet der Zylinderkopf, üblicherweise besonders wärmeempfindlich, besaß eine glatte Metalloberfläche. Das Geheimnis des Windhoff-Triebwerks lag im Prinzip der Ölkühlung: über sechs Liter Öl waren ständig im Umlauf und lösten Hitzenester auf. Der Zylinderkopf und die oben rotierende Nockenwelle wurden vom heraufgepumpten Öl statt direkt vom Fahrtwind gekühlt. Das Öl sammelte sich im Kurbelgehäuse, gab an dieses die aufgenommene Wärmeenergie ab, die dann über die großen Kühlrippen abgestrahlt wurde. Ebenso revolutionär wie die Kühlung mutete das Fahrwerkskonzept an.

Der Motorblock diente als zentrales Rahmenelement. Vorne hatte man ihm den Steuerkopf, hinten am Getriebegehäuse vier Rohrausleger, die das Rahmenheck bildeten, angeschraubt. Vollgetankt brachte die Windhoff an die 200 kg auf die Waage. Mit 22 PS bei 4000 U/min konnte man da nicht unbedingt schnell, aber auf jeden Fall schaltfaul-entspannt fahren.

Windhoff wollte Ende der zwanziger Jahre sein Angebot sogar durch einen 1000-ccm-Viertakt-Boxer aufstocken. Die Wirtschaftskrise machte diesem Projekt, der Vierzylinder und dem kompletten Motorradbau der Firma ein Ende.

Indian 1929

Im Jahr 1927 nahmen die Firma Indian, die sich bis dahin hauptsächlich mit V-Maschinen und Einzylindern beschäftigt hatte, ein mächtiges Vierzylindermotorrad in ihr Programm auf. Die Konstruktion war nicht im Hause Indian entstanden, sondern direkt von den Ace-Werken, die sich in finanziellen Schwierigkeiten befanden, übernommen worden. Auch die Ace war keine Originalausgabe, sondern ein Ableger der Marke Henderson. William und Tom Henderson hatten die Vierzylinder 1910 entwickelt und ab 1912 im eigenen Unternehmen gefertigt. Bald taten sie sich mit dem Zweirad-Großunternehmer Ignatz Schwinn, dem die Marke Excelsior gehörte, zusammen.

Schwinn produzierte die Vierzylinder-Maschinen ab 1918 in seinem Werk, weswegen die Henderson nun den Untertitel "Excelsior" trug. Bald entwickelten sich Differenzen zwischen Konstrukteur und Produzent. Die Henderson-Brüder kündigten für 1919 die Zusammenarbeit auf, und William gründete mit Unterstützung eines Kapitalgebers eine eigene Marke. Da Excelsior die Rechte an dem Namen Henderson besaß, mußten Hendersons neue Produkte anders heißen. Er entschied sich für den Namen "Ace" (As). 1920 erschien die Ace, die zwar dem ursprünglichen Konzept treu geblieben war, sich aber in fast allen Details vom Vorgänger unterschied - nicht aus technischen, sondern patentrechtlichen Gründen. Die Ace verfügte über einen Hubraum von 1235 ccm, Vergaser und Auspuffanlage befanden sich beide an der rechten Motorseite, ein Einrohr-Starrahmen mit Kurzhebelschwinge beherbergte den wechsel-

Von Ace übernahm Indian den großen Vierzylinder, anfänglich bis auf das Markenzeichen unverändert. Hier schon eine stärker assimilierte Version von 1929

Vom Indian-Vorläufer Henderson zweigte sich auch diese Excelsior-Henderson von 1925 ab (oben). Unten ist eine späte Version der Vierzylinder mit Hinterradfederung und ausladenden Blechen zu sehen

gesteuerten Motor und das Dreiganggetriebe.

Aufgrund des Todes von William Henderson (1922) und diverser finanzieller Probleme wurden Markennamen, Fertigungseinrichtungen und Teilebestände 1927 an Indian verkauft. Die Indian-Vierzylinder (mit der Bezeichnung INDIAN-Ace auf dem Tank) entsprachen anfänglich bis ins kleinste Detail den Ace-Maschinen, veränderten sich aber im Laufe der Jahre sowohl technisch als auch optisch. 1928 nannte sich das Motorrad "Indian Four", bekam einen Rahmen mit "halber" Doppelschleife vorne und erhielt durch die Verwendung vieler Teile aus dem aktuellen Indian-Sortiment eine etwas grazilere Erscheinung. 1936 stand eine gravierende Änderung des Motorkonzepts auf der Tagesordnung. Die ioe-Steuerung, eigentlich ein Relikt aus der Vorkriegszeit, war ein Hindernis auf dem Weg zu höherer Leistung. Sie sollte deswegen einer fortschrittlichen Ventilsteuerung weichen. Mindestens ein sv-, vielleicht sogar ein ohv-Triebwerk erwarteten die gespannten Indian-Käufer. Stattdessen überraschte das Werk sie mit einer Anordnung, die man mit gutem Grund nur ganz selten antrifft: die Konstrukteure hatten die Positionen von Ein- und Auslaß nur vertauscht, den Auslaß also oben und den Einlaß unten angebracht (eoi).

Nach zwei Jahren gab man diese reklamationsträchtige Technik wieder auf und kehrte reumütig zum alten (und nun bereits stark veralteten) ioe-System zurück. 1940 kamen Indian-Four-Piloten in den Genuß einer Geradweg-Hinterradfederung. 1942 lief die Produktion des Vierzylinders, nun schon ein betagtes Pummelchen mit riesigen Schutzblechen und dicken Rädern, aus. Nach dem Krieg griff Indian dieses Konzept nicht mehr auf.

Münch 1971

Automobilhersteller benützen den Vierzylinder-Reihenmotor seit den zwanziger Jahren als Standardbauweise. Honda etablierte ihn - luftgekühlt und quer eingebaut - 1968 mit seiner CB 750 auch auf dem Motorradsektor. Zuvor hatten sich zwei europäische Firmen an dem gleichen Konzept versucht, aber nur hochwertige Kleinserien-Exoten zustande gebracht. MV Agusta hieß die eine Firma, Münch die andere.

Friedel Münch hatte sich in den fünfziger Jahren mit Horex-Umbauten und -Verbesserungen beschäftigt. Anfang der Sechziger faßte er die Fertigung eines selbst konstruierten Vierzylinders ins Auge, mit dem er sich in Meisterschaftsläufen einige Chancen ausrechnete. Er bemerkte wenig später, daß die Sport- bzw. Renntechnik, auf die er sich konzentrierte, von japanischen Herstellern auch in Serienmaschinen geliefert wurde. Münch erkannte die Zeichen der Zeit richtig: bald würde es einen Markt für Straßenmaschinen mit Renntechnik geben. Seine Vierzylinder-Idee paßte da gut hinein.

Der Mühe, ein eigenes Triebwerk völlig auszukonstruieren und eine Fertigung dafür einzurichten, wurde Münch glücklicherweise enthoben. Er entdeckte nämlich die Motorrad-Qualitäten eines Autotriebwerks, das ab 1964 hergestellt wurde. Es handelte sich dabei um den Motor des NSU Prinz 1000. Genau in dem Jahr, als NSU die Motorradfertigung endgültig dichtmachte, kam der sportliche Kleinwagen heraus. Er besaß einen luftgekühlten Vierzylinder mit obenliegender Nockenwelle und einer Leistung von 43 PS bei 5500 U/min, die durchaus noch steigerungsfähig war. NSU selbst erhöhte in den folgenden Jahren den Hubraum auf 1177 ccm und die Leistung auf maximal 70 PS, Münch holte durch Tuningmaßnahmen noch mehr heraus.

Um dieses Triebwerk herum entstand ein maßgeschneiderter Doppelschleifen-Rahmen; Münch fertigte zudem Formen für das Heckteil, das Primär- und das Getriebegehäu-

Die Münch 4 leitete die Ära der Superbikes ein. Sie blieb aber eine Rarität

Um den luftgekühlten NSU-Automotor herum schneiderte Münch das Fahrwerk

se, die Olwanne und die Hinterradschwinge, die alle aus Elektron gegossen wurden, um das Gesamtgewicht erträglich zu halten. Da konventionelle Hinterräder mit Drahtspeichen der Urkraft des Motors nicht gewachsen waren, entwarf Friedel Münch ein 18-Zoll-Hinterrad aus Elektronguß. Auch die Telegabel und die überdimensionale Duplex-Bremse stammten nicht von Zulieferern, sondern waren am eigenen Reißbrett entworfen worden.

So genial die Konstruktion sein mochte: die Vermarktung gestaltete sich in den folgenden Jahren äußerst schwierig. Münch hatte nicht nur den heimischen, sondern auch den US-Markt angepeilt. Dort verlangte das Publikum lautstark nach solchen Über-Maschinen. Hier war sie: Die Münch "Mammoth", die mit ihrer gedrungenen und bulligen Statur vor Kraft kaum stehen konnte. Der Renner wurde aber kein Renner. Zwei verschiedene Geldgeber aus den USA und ein deutscher Finanzier konnten Münch nicht vor mehreren Konkursen und der Einsicht, daß seine Schöpfung gut konstruiert, aber zu teuer kalkuliert war, bewahren. In den frühen siebziger Jahren bombardierten japanische Hersteller die Exportmärkte mit großen Vierzylindermaschinen, für die Münch 4 blieb lediglich eine kleine Nische.

Die klassischen Münch (etwa 100 Stück) entstanden zwischen 1966 und 1970. Später gab es Einspritzversionen mit über 100 PS und Hubraumgiganten mit 1300, 1400, 1600, 1800 und schließlich 2000 ccm, die Horex oder Titan hießen, nachdem Münch seinen Namen als Markenbezeichnung verloren hatte. Der Spitzname "Mammut" war übrigens während der Produktionszeit für einen anderen Hersteller geschützt und durfte nicht offiziell benutzt werden.

Honda 1968

Daß die Motorradindustrie in Japen früher nur vom Kopieren lebte, ist ein Vorurteil. Sicher gab es Fahrzeuge, die deutlich nach Adler, NSU, Horex, Harley oder BSA rochen. Aber die Japaner boten mehr als das. Sie schufen beispielsweise Originale wie die CB 750, die einen Wendepunkt in der Zweiradhistorie markierte. Dieses Modell etablierte die Vierzylindertechnik, lange Zeit in der Motorradszene für Großserienmaschinen indiskutabel, als Standardbauweise, die heute noch vorherrscht. Und dieses Modell brachte die japanische Zweiradindustrie, die, was Motor- und Fahrleistungen betraf, mit den alt eingesessenen Herstellern aus Europa schon gleichgezogen hatte, nun endlich in Führung. Und zwar uneinholbar.

Aus heutiger Sicht sind die begeisterten Aufschreie, die Hondas CB 750 bei ihrem Erscheinen hervorrief, kaum mehr verständlich. Vierzylindertechnik ist Alltagsstandard, was soll daran besonders sein? Aber 1968 galten andere Maßstäbe. Das Motorrad hatte sich gerade vom Geruch des Arbeitstieres befreit und war zum Luxusgeschöpf für den sportlichen Ausritt, das zudem individuelle Kraft und Sex-Appeal ausstrahlte, aufgestiegen. Das bedeutete allerdings "Goodbye" für die kleinen, stinkenden Zweitakt-Knattermänner, und hieß andererseits "Hello!" für die elegante Viertakt-Schickeria mit ohc-Schlips und

Unterdruck-Kragen. Beim Anblick von soviel obenliegenden Nockenwellen, Viervergaser-Anlagen und fünfstelligen Drehzahlen schüttelte manch alter Hase den Kopf und dachte: "Wenn das mal gutgeht!"

Es ging gut. Die CB 750 hielt, was sie versprach. Mit 67 PS schaffte es die Tachonadel des öfteren über die 200-km/h-Marke hinaus, was bei der üblichen Voreilung tatsächlich etwa 190 km/h waren. Die Fahrwerke waren keine Extraklasse, bei guter Wartung und Pflege aber von der Motorleistung nicht überfordert. Mit der CB 750 hatte Honda übrigens die hydraulisch betätigte Scheibenbremse am Vorderrad in die Großserie eingeführt. Sie übertraf gute Duplex- oder Doppel-Duplex-

Stilbildend für die Motorrad-Neuzeit: Honda CB 750, Modell K 0 von 1969 (oben). Die unten abgebildete CB 750, Modell K 2 von 1972, blieb zehn Jahre im Programm

Bremsen nicht unbedingt, war aber wesentlich unproblematischer in Wartung und Einstellung. Was die elektrische Ausstattung anbelangt, entsprachen die CB-750-Modelle dem hohen Niveau, das damals die meisten japanischen Straßenmaschinen erreichten. Ein Wechselstrom-

Generator lieferte 210 Watt bei 12 Volt Bordspannung, ein solider Elektrostarter ersparte müden Fahrern das Antreten.

Von der Erstvorstellung bis zum Produktionsende der CB 750 vergingen zehn Jahre. In dieser Zeit wurden von der Vierzylinder rund eine Million Exemplare aufgelegt. Die ersten Modelle (noch mit Sandguß-Motorgehäusen) unterschieden sich von der letzten Ausführung K 7 nur unwesentlich. Diese erstaunliche Konstanz behielt Honda später nicht mehr bei. Mit hektischen Modellwechseln untergrub die Firma selbst ihren lange gereiften Nimbus.

MV Agusta 1972

Aus der Flugzeugbranche stammte die italienische Firma MV Agusta. Nach dem Zweiten Weltkrieg wandte sie sich zwei- und dreirädrigen Fortbewegungsmitteln zu und widmete sich intensiv dem Motorrad-Rennsport, was zu Dutzenden von Weltmeisterschaftstiteln führte.

1950 stellte MV den Prototypen einer Halblitermaschine vor, die den modifizierten Vierzylinder-dohc-Motor der Rennmaschine besaß. 1965 erschien wieder ein dohc-Prototyp, nun mit 600 ccm. Grosses Aufhorchen bei Presse und Konkurrenz – und tatsächlich folgte ein Jahr später eine Serienfertigung.

In bescheidenem Umfang allerdings: MV legte dieses Modell in nur 135 Exemplaren auf. Die wüste Mischung aus Renntriebwerk und Highway-Tourer fand wenig Anklang. 1971 erschien die Ablösung mit 750 ccm Hubraum und echtem Sportfahrwerk. Die 750 S und der 800-ccm-Nachfolger "Americana" galten in den siebziger Jahren als Traummotorräder.

Die Vierzylinder wurden zwar überall hoch geschätzt, brachten MV aber nur geringe Umsätze und keinerlei Profit. Der Motor war mit Zahnradantrieb der beiden Nockenwellen, einer aufwendigen Kurbelwellenkonstruktion und Unmengen von Wälzlagern im Innern nur sehr arbeitsintensiv zu fertigen. Gleiches galt für den komplizierten Kardanantrieb. Daß es konstruktiv und fertigungstechnisch viel einfacher ging, bewiesen japanische Hersteller: Mit Steuerkette zur Nockenwelle, Gleitlagerung der Kurbelwelle und Kettenantrieb wurde der große Vierzylinder zur Standardtechnik auf dem Motorradsektor. Und verlor damit aber auch die Faszination, die eine "handgemachte" 750 S oder Americana heute noch ausstrahlen.

Die Sportversion des MV-Serien-Vierzylinders erschien 1971 und hieß 750 S

Raritäten und Skurrilitäten

Das asymetrische Gespann – eine skurrile Idee (oben). Dem Flugzeugbau entlehnt war der Dreizylinder-Sternmotor der britischen Redrup Radial von 1920 (unten)

In jeder Phase der Motorradentwicklung gibt es einen technischen Standard, der bestimmte Konstruktionen als "Mainstream" definiert, anderen den Rang von Exoten zuweist.

Vierzylindermaschinen sind heute 08/15-Bauweise, waren vor 40 Jahren aber vielbestaunte Exoten. Sechszylinder wiederum galten noch nie als Durchschnittstechnik, könnten diesen Status in der Zukunft vielleicht einmal erlangen. Einzylinder-Motorräder waren über ein halbes Jahrhundert Standard-Bauweise, zählen heute zumindest bei reinen Straßenmaschinen schon zu den Raritäten. Die Konstruktionen, die auf den folgenden Seiten vorgestellt werden, sind also in diesem historisch-relativen Sinn "rar" oder "skurril". Schieberäder, rotierende Nabenmotoren, Propellerantrieb, Einfachstfahrzeuge: in fast regelmäßigen Abständen präsentieren auch heute noch Techniker und Erfinder Variationen zu diesen Themen.

Megola 1924

In der Geschichte des Motorrades besteht kein Mangel an merkwürdigen oder skurrilen Konstruktionen. Manch unorthodoxe Idee ließ sich in kleinen Serien verkaufen, einiges fand seine Fortsetzung erst Jahrzehnte später, das meiste blieb aber im Prototypen- oder Experimentalstadium stecken.

Eine Ausnahme machen die Megola-Maschinen, die Anfang der zwanziger Jahre in München gefertigt wurden. In fast allen Bereichen wichen sie vom herkömmlichen Standard ab. Sie waren aufwendig gebaut und daher teuer in der Anschaffung. Und trotzdem liefen immerhin 2 000 Exemplare vom Stapel. Me-Go-La war eine Abkürzung für die Namen der Männer, die hinter diesem Projekt standen: Meixner, Cockerell und Landgraf. Als eigentlicher Konstrukteur gilt Fritz Cockerell, der unter diesem Namen in einer eigenen Firma kleine Zweitakter herstellte und sich für das Megola-Projekt in Gockerell umbenannte. Aus dem Flugzeugbau brachte er die Idee eines Sternmotors mit, der in ein Rad eingespeicht wurde und sich mit diesem drehte. Ursprünglich hatte er ein Dreizylinder-Triebwerk entwickelt, das in das Hinterrad eines Motorrades eingebaut wurde. Dieser Entwurf entstand direkt nach Ende des Ersten Weltkrieges und trug den Namen Pax (Frieden).

Die Pax verfügte noch über ein konventionelles Fahrwerk. Das änderte sich bald. Als Rahmen trat nun ein genieteter Stahlblech-Körper in Erscheinung, der der Megola etwas

Touren-Megola mit ausladendem Lenker

Sänftenartiges gab. Im Zeitalter der "Zweirad-Autos" und "Sesselräder" war dies nicht außergewöhnlich. Das Megola-Chassis besaß Blattfederung für das Vorder- wie das Hinterrad. Dieses Fahrwerk kann aus heutiger Sicht vielleicht als zeittypisch bezeichnet werden. Dafür sprengt das Triebwerk jeden Rahmen. Es war auf fünf Zylinder aufgestockt und ins Vorderrad verpflanzt worden.

Megola im Frühstadium: Motor noch hinten, Verschalung in Stromlinie

Der sv-Viertakter hatte einen Hubraum von 640 ccm, rotierte mit dem Vorderrad, besaß weder Kupplung noch Getriebe und war komplizierter, als es auf den ersten Blick aussehen mochte. Die fünf Zylinder saßen auf einem Kurbelgehäuse, in das die Speichen eingehängt waren. Diese Einheit rotierte also mit dem Rad. Im Kurbelgehäuse war die Innenverzahnung eines Planetengetriebes angebracht. Die Planetenräder waren im feststehenden Teil der Nabe gelagert, das Sonnenrad befand sich auf der Kurbelwelle. Die Kurbelwelle drehte sich damit rückwärts, das Motorgehäuse ein Fünftel so schnell vorwärts. Alle fünf Pleuel saßen auf einem Hubzapfen und liefen mit ihren Segment-Füßen in einer Nut des Lager-Außenrings.

Problematisch gestalten sich bei einem bewegten Nabenmotor Ventilsteuerung, Gemischversorgung und Zündung. Die Ventile rollten sich quasi über eine feststehende Nockenscheibe ab und wurden damit geöffnet und geschlossen; der Vergaser befand sich ebenso auf dem stationären Teil der Nabe und spendete den einzelnen Zylinderköpfen das Gemisch über die hohle Nockenwelle und eine sternförmige Leitung. Gleiches Prinzip auch beim feststehenden Zündmagneten, der den Strom über Kontaktschleifen zu den Zündkerzen brachte.

Die Megola ruckelte kein bißchen, wenn sie von Schrittgeschwindigkeit bis zum Maximum von knapp 100 km/h beschleunigt wurde. Sie hatte im wenig flüssigen Stadtverkehr, an Kreuzungen und Einmündungen natürlich ihre Probleme. Dafür lief sie auf Rennstrecken und im Überlandverkehr um so besser. Megola-Fahrer siegten bei Winterfahrten, Straßen- und Bergrennen und errangen sogar die Deutsche Straßenmeisterschaft des Jahres 1924. Die Renn-Megola kamen durch ein größeres Vorderrad auf Geschwindigkeiten um 140 km/h und besaßen einen konventionellen Sattel statt des luxuriösen Sessels.

Zwischen 1921 und 1925 entstand diese merkwürdige Mischung aus sehr einfachen und sehr komplizierten Konstruktionsideen. Eine Megola setzt heute mit ihrer Teilnahme jeder Veteranen-Veranstaltung das i-Tüpfelchen auf.

Neracar 1921

In den fünfziger und sechziger Jahren begann in Deutschland das Automobil das Motorrad als Verkehrsmittel zu verdrängen. Bis dahin hatte das motorisierte Zweirad einen Stammplatz bei den weniger zahlungskräftigen Bevölkerungsschichten

Neracar mit Reibradantrieb, genietetem Rahmen und "Auto-Lenkung" 1921

besessen. Eine ähnliche Entwicklung hatte es in den USA schon 30 Jahre früher gegeben. Hart wogte dort in den zwanziger Jahren der Kampf um die Gunst der Käufer, für die ein Auto von Ford oder GM nicht viel teurer kam als ein solides Motorrad.

Einige Konstrukteure suchten in dieser Situation nach dem goldenen Mittelweg, nach dem Auto auf zwei Rädern, dem Einspurwagen oder wie die Bezeichnungen für diese Zwitter auch immer lauteten. Carl Neracher versammelte 1919 in seinem "Neracar" einige seltene Konstruktionsdetails, was das Fahrzeug exotisch, aber immer noch nicht zum Auto machte. Aus dem Automobilbereich stammte die Achsschenkellenkung, der Reibradantrieb und die Rahmenkonzeption. Letztere beruhte auf zwei verbundenen Profilstahl-Längsträgern, die sich hinten verengten, um das ungefederte Hinterrad aufzunehmen und sich vorne spreizten, um der Lenkbewegung des Vorderrades Platz zu geben. Das Ganze war mit viel Blech überzogen, womit sich ein guter Spritzschutz ergab.

Ursprünglich besaß das Neracar einen Zweitaktmotor von knapp über 200 ccm. Britische Lizenzversionen der Firma Simplex verfügten über Zwei- und Viertakter bis zu 350 ccm Hubraum und konventionelle Zahnrad-Getriebe. Beim Reibradantrieb wurde dagegen ein Antriebsrad von der großen Kurbelwellen-Schwungscheibe, auf die es im Winkel von 90° gedrückt wurde, mitgenommen.

Das Antriebsrad konnte hin- und hergeschoben werden und traf auf verschiedene Durchmesser der Schwungscheibe, womit sich stufenlos verschiedene Übersetzungsverhältnisse ergaben. Dies funktionierte nur bei geringen Motorleistungen; stärkere Triebwerke hätten einen Großteil ihrer Kraft an den Kontaktflächen verschmort.

Roller

Der Motorroller stellt heute eine eigene Gattung dar, deren Charakteristika sich relativ einfach beschreiben lassen: Durchstiegsrahmen, kleine Räder, selbsttragende Blechkarosserie oder blechverschalter Rahmen, guter Spritzschutz, vergleichsweise geringe Motorleistung. Ein Fahrzeug dieser Art treffen wir schon im Jahre 1903 an. Das "Auto-Fauteuil" (Auto-Sessel) hatte sich aus einem Damenfahrrad entwickelt und verzichtete zugunsten bequemer Fortbewegung auf die sportlichen De-

Postler-Roller von 1922 (oben) und englisches Allwetter-Motorrad "Quasar" aus den Achtzigern

Der amerikanische "Selbstläufer" Autoped, um 1917 ein schickes Utensil

tails, welche das Motorrad auszeichneten. Diese Art von Fahrzeugen hielt sich über die zwanziger und dreißiger Jahre und boomte noch als "Scooter" im Nachkriegseuropa.
Die Entwicklung des Rollers speist sich aber noch aus einer anderen Quelle. Ebenfalls schon vor dem Ersten Weltkrieg tauchte in den USA eine Art motorisierter Tretroller auf. Er hieß "Autoped", was wohl als Abkürzung für Auto-Pedestrian zu verstehen war und soviel wie "Selbstgänger" bedeutet. Nach dem Ersten Weltkrieg entstanden auch in Europa ähnliche Fahrzeuge. Sogar Ex-Großkanonier Krupp in Essen lieferte eine Autoped-Kopie. Eben-

Lomos-Sesselrad mit DKW-Motor von 1922 (oben) und Phoenix-Dreirad von 1904

so kurios wie das Fahrzeug waren die Bezeichnungen, die Hersteller und Fachpresse fanden: Motorschuh, Kraftläufer, Motorläufer, Stadtdiener, Stadtrutscher.

Auf drei Rädern

Die Automobilindustrie betrachtete den Motorradfahrer schon immer gerne als jemanden, der nur solange auf zwei Rädern fährt, bis er sich vier davon leisten kann. Dazwischen liegt aber die Zahl drei und eine große Kategorie von Fahrzeugen, auf die sich die Motorradwelt konzentrierte, bevor das Auto akut wurde. Eine erste große Dreirad-Welle ist aus dem letzten Jahrzehnt des 19. Jahrhunderts zu vermelden.
Die Mehrzahl der Verbrennungsmotoren war immer noch recht klobig, unpraktisch und zu schwer für ein Zweirad. Maschinen wie die Hildebrand & Wolfmüller hatten dies gezeigt. Also erhielten die einspurigen Motorisierungs-Aspiranten hinten eine Zweispurachse.

Diese verkraftete einige Kilogramm zusätzlich und sorgte für ein stabiles Gleichgewicht. Der Fahrer konnte sich nun voll und ganz auf die Handhabung der zahlreichen Bedienungselemente konzentrieren. Der französische Hersteller de Dion-Bouton verkaufte dieses Konzept erfolgreich, Lizenznehmer und Eigenkonstrukteure in verschiedenen anderen Ländern folgten ihm. Einige Produzenten bauten die Zweispurachse vorne ein, so z. B. Léon Bollée, der mit Zweiganggetriebe und Ein-Liter-Einzylinder nicht schlecht fuhr. Offene Dreiräder dieser Art hielten sich bis in die zwanziger Jahre. Monet - Goyon, ein weiterer französischer Produzent, erzielte mit seinem Modell "Automouche" bis etwa 1925 noch gute Umsätze.

Nachdem das Motorrad um die Jahrhundertwende zu einer eigenen

Form gefunden hatte, galt es erst einmal als Sportfahrzeug.

Bald meldeten sich aber auch andere Bedürfnisse an: der unerschrockene Pilot wollte nicht nur mit atemberaubenden 40 km/h über die Chausseen jagen, sondern vielleicht auch einmal bei moderateren Geschwindigkeiten die Dame seines Herzens an dieser neuen Erfahrung teilnehmen lassen. Dazu baute er die Gabel seines Motorrades aus und ersetzte sie durch einen sogenannten Vorsteckwagen. Dieser besaß zwei Räder, dazwischen eine Sitzgelegenheit mit Rückenlehne, meist aus Korb geflochten. Diese Vorsteckwagen gab es auch in Lastenausführung.

Französisches Monet & Goyon-Dreirad aus den zwanziger Jahren (oben) und Léon-Bollée-Dreirad von 1896, das älteste in Deutschland zugelassene Fahrzeug

Gleichzeitig erschien eine Konstruktion, die die Experten anfänglich für nicht manövrierbar hielten, die sich aber durchsetzte und bis heute halten konnte. Das dritte Rad saß hierbei neben dem Fahrzeug, es gab keine Zweispurachse vorne oder hinten, sondern eine merkwürdig unsymetrische Anordnung. Diese Motorräder mit Beiwagen offenbarten unter bestimmten Bedingungen ein Fahrverhalten, das normalen Einspur-Maschinen überlegen war. Es dauerte nicht lange, bis das Motorrad-Gespann seine Renntauglichkeit bewies, die Strapazen von Weltreisen durchhielt und im rauhen Geschäftsbetrieb seinen Mann stand.

Motor-Tandems

Sobald das Hochrad ausgedient und sich das Niederrad etabliert hatte, traten mehrsitzige Versionen in Erscheinung. Balancieren war nun kein Thema mehr, die Fahrer konnten sich aufs Treten konzentrieren und mit vereinten Kräften beachtliche Geschwindigkeiten erzielen. Das zweisitzige Minimum hieß Tandem, ab dem Quadruplet mit vier Sitzen wurde es spannend. Ende des letzten Jahrhunderts begannen Bastler und graduierte Ingenieure das Fahrrad zu motorisieren. Das Tandem

Derny-Motortandem aus den fünfziger Jahren

blieb davon nicht verschont. Als Sonderausführung stand es neben Vorsteck-Fahrzeugen und Lastenausführungen in den Katalogen verschiedener Hersteller. Sobald die Motoren kräftiger wurden und die Fahrgestelle sich immer weiter vom Fahrrad-Vorbild entfernten, begannen auch die Motor-Tandems langsam auszusterben. Sie hielten sich in verschiedenen Regionen bis in die dreißiger Jahre und tauchten mit der Hilfsmotoren-Welle nach dem Zweiten Weltkrieg wieder in ganz Europa auf. Man verwendete fast alles: den 38-ccm-Hilfsmotor mit Zweiganggetriebe und Kette von Victoria, den italienischen Minimotor mit 49 ccm Hubraum und Reibrolle oder "Hubraumgiganten" mit 98 ccm von Fichtel & Sachs oder Aubier-Dunne, die in französischen Spezial-Tandems von Derny, William oder Cyclocette Verwendung fanden. Die Tandems verschwanden wieder, sobald kräftige Mopeds mit Soziussätteln oder Zwei-Personen-Sitzbank auf dem Markt waren.

Böhmerland 1928

In der Zeit nach dem Zweiten Weltkrieg konzentrierte sich die Motorradproduktion der Tschechoslowakischen Republik immer stärker auf die beiden Marken JAWA und CZ, die auch im Ausland bekannt wurden. Von den sechziger bis in die achtziger Jahre herrschte dort - mit Ausnahme der Speedway-Maschinen - unumschränkt der Zweitakter. Dabei konnte die tschechische bzw. böhmische Motorradindustrie auf eine reiche Viertakttradition zurückblicken. Es sei nur an die Marken Laurin & Klement, Jawa, Walter oder Böhmerland erinnert.

Letztere bestand immerhin von 1925 bis 1938, produzierte während dieser Zeit aber weniger als 2 000 Maschinen. Diese waren so unkonventionell gestaltet, daß sie auch heute den meisten Sammlern und Oldtimer-Freunden noch ein Begriff sind. Im wesentlichen produzierte Böhmerland nur einen Typen. Es handelte sich um einen 600-ccm-ohv-Viertakter eigener Fertigung, der in einem äußerst stabilen und geräumigen Doppelschleifen-Rahmen saß.

Lang war der Hub des Motors: 120 mm. Lang war auch der Radstand des Fahrwerks: es wurden Versionen geliefert, auf denen drei Personen hintereinander sitzen konnten. Konstrukteur und Firmenleiter Liebisch besaß eine Vorliebe für geschwungene Rohrgeflechte. Davon zeugt der Rahmen und die aufwendige Gabel, eine Kurzschwinge, deren Federn vor der Radachse liegen.

Ein Detail wie der offene Ventiltrieb, der zwischen den Beinen des Fahrers arbeitete, ließ die Böhmerland eher altväterlich erscheinen. Die Leichtmetall-Gußräder und die signalfarbene Lackierung (gelb/rot und gelb/ grün) nahmen sich dagegen zukunftsweisend aus. Heute sind Böhmerland-Maschinen in der Veteranenszene international geschätzte Raritäten. Zu ihrer Produktionszeit besaß die Firma hingegen kein Händlernetz und damit nur regionale Bedeutung.

Schieberäder

Die Frage nach dem günstigsten Platz für ein Zweiradtriebwerk ist wohl so alt wie das Motorrad selbst. Im Jahr 1901 setzten die Gebrüder Werner aus Paris die motorische Antriebsquelle an den Platz, der bis heute Standard bei motorisierten Zweirädern blieb: an die Stelle bzw. in die Nähe des Tretlagers. Natürlich gab es Konstrukteure, die andere Alternativen

Wall-Schieberad für Fahrräder

bevorzugten. Z. B. den Verbrennungsmotor in der Radnabe, über dem Vorderrad, über dem Hinterrad, neben dem Hinterrad, hinter dem Hinterrad. Als ziemlich abstrus

Auf dem Böhmerland-Gespann haben vier Personen Platz

Schieberad neben dem Fahrrad (oben, Konstruktion Wall) oder dahinter (unten, deutsches LFG-Patent)

galten schon immer Versuche, das Zweirad als Ganzes so zu lassen, wie es ist (z. B. als gewöhnliches Fahrrad) und es von außen durch ein kleines zusätzliches Fahrzeug anzuschieben. Das früheste Experiment auf diesem Sektor, das aktenkundig geworden ist, unternahm Professor Enrico Bernardi im Jahre 1893. An der Hinterachse eines Fahrrades hatte er ein kleines Wägelchen befestigt, das einen Verbrennungsmotor mit großem Schwungrad trug. Eine Abbildung zeigt Bernardi im Sattel, die Beine hochgezogen und auf einem Brettchen in Rahmenmitte abgestützt, den Blick starr nach vorne gerichtet. Dorthin sollte ihn sein "Schieberad" bringen, und er mußte wohl alle Manövrierkunst aufbringen, um nicht vom Kurs abzukommen. Denn der Fahrer mag hierhin denken oder dorthin lenken, das Rad schiebt ihn bei dieser Anordnung meist in eine andere Richtung.

Zehn Jahre nach Bernardi ließ sich W. S. Simpson aus London eine Sache patentieren, die es in ihrer kompliziertesten Form auf immerhin vier Räder brachte - in einer Spur! Erfolgreicher als Simpson war sein Landsmann A. W. Wall. 1908 brachte er ein Schieberad zu Papier, das neben dem Hinterrad lief. Die Kräfteverteilung fiel etwas günstiger als beim Motor-Anhänger aus.

Das Wall-"Autowheel" wurde erstaunlicherweise ein großer Renner. Der anfänglich vorgesehene Zweitakt-Boxer wich einem Einzylinder-Viertakter, und in dieser Ausstattung blieben die verschiedenen Varianten fast 20 Jahre in Produktion. Das Autowheel war in ganz Europa verbreitet, schaffte sogar den schweren Sprung auf den US-Markt, wo es sich während des Krieges und in der turbulenten Nachkriegszeit wacker über zehn Jahre hielt.

In Großbritannien selbst befaßte sich BSA mit der Wall-Produktion. In Frankreich baute Monet & Goyon das Autowheel in Lizenz nach. In Italien, Holland, Frankreich tauchten baugleiche Exemplare auf. Deutschland konnte das MD-Schieberad, von dem das Neckarsulmer Zweiradmuseum ein Exemplar besitzt, vorweisen. In den USA nahm sich die Firma A. O. Smith aus Milwaukee der spartanischen Konstruktion an und führte zahlreiche Verbesserungen ein. 1919 verkaufte Smith die Fertigungsrechte an die Herren Briggs & Stratton. Sie erhöhten Hubraum und Leistung des Triebwerks, rüsteten es mit Schwungradmagnet aus und motorisierten Schlitten, Draisinen, Transportkarren und natürlich auch Fahrräder damit. Bis 1924 hielt die Firma an diesem Entwurf fest und reichte ihn dann an den nächsten Käufer weiter.

Für Briggs & Stratton war die Wall-Konstruktion ein Glücksfall. War man zuvor als Zulieferer für Auto-Elektrik gut im Geschäft gewesen, so lieferte das Schieberad einen zukunftsweisenden Entwurf: die Firma konzentrierte sich in den folgenden Jahren auf den kleinen, luftgekühlten Viertaktmotor für Stationärbetrieb, landwirtschaftlichen und anderen Einsatz. Bis heute ist Briggs & Stratton weltweit einer der größten Hersteller auf diesem Gebiet.

Propeller- und Düsenantrieb

In den zwanziger Jahren begannen Experimente mit Düsen- und Raketenantrieb für Flugzeuge. 1928 versuchte Georg von Opel diese spektakuläre Technik, die Max Valier und Julius Hatry entwickelt hatten, für den Automobilbau in Dienst zu nehmen. Er ließ vierrädrige Versuchsfahrzeuge mit Feststoffraketen ausrüsten und die Presse antreten, als er im Raketen-Wagen zum burnout Platz nahm.

Im gleichen Jahr wurde ein Motorrad dieser Kur unterzogen (Opel stellte zu diesem Zeitpunkt noch Motorräder her). Der clevere Werbestratege fand einen Fahrer namens Otto Lührs, der sich damit auf Grasbahnen wagte. Sein Kollege Willie Murken, DKW-Fahrer, ließ sich nicht lumpen und rüstete seine Maschine ebenfalls mit Sander-Raketen aus. 1929 traten schließlich auf einer Berliner Zementbahn 1929 sogar Fahrer auf Raketen-Fahrrädern gegeneinander an.

Nach dem Zweiten Weltkrieg machten Meldungen von düsengetriebenen Motorrädern in der Fachpresse die Runde. "Simplex-Servi" hieß eine Konstruktion aus den USA, wo

Aus der Not geboren: Versuchsanordnung der Luftfahrt-Firma Argus von 1947/48

sogar ein Bausatz geliefert wurde, um Fahrräder zum "Jet-Bike" aufzurüsten. Auch der französische Konstrukteur Louis Combet stellte um 1949 einige Prototypen her. Nicht nur die Düse, auch der Propeller wurde mit dem Zweirad verheiratet.

Die Firma Argus in Karlsruhe, vor dem Krieg in der Motoren- und Flugzeugbranche tätig, probierte 1947/ 48 diese Kombination in drei Prototypen aus. Die Motoren und Propeller stammten wahrscheinlich aus Übungsflugkörpern, die zum Einschießen von Flugabwehrgeschützen gedacht waren. Argus-Berlin hatte zu Beginn des Krieges schon Modellmotoren gebaut und später ferngesteuerte Kleinst-Aufklärungsflugzeuge geliefert, die allerdings etwas größere Triebwerke besaßen.

Philips / EMI 1934

Um die Jahrhundertwende, als die Motorisierung des Verkehrs bislang für undenkbar gehaltene Fahrzeuge auf die Schlamm- und Schotterpisten brachte, war es durchaus noch strittig, ob der seit kurzem eingesetzte Verbrennungsmotor eine dauerhafte Zukunft haben könne. Zu offensichtlich seine Nachteile: der Lärm, der Mensch und Tier zuweilen in Panik versetzte, die Abgase, die die Sicht vernebelten und sich auf die Lungen legten, schließlich der komplizierte Aufbau der Trieb-

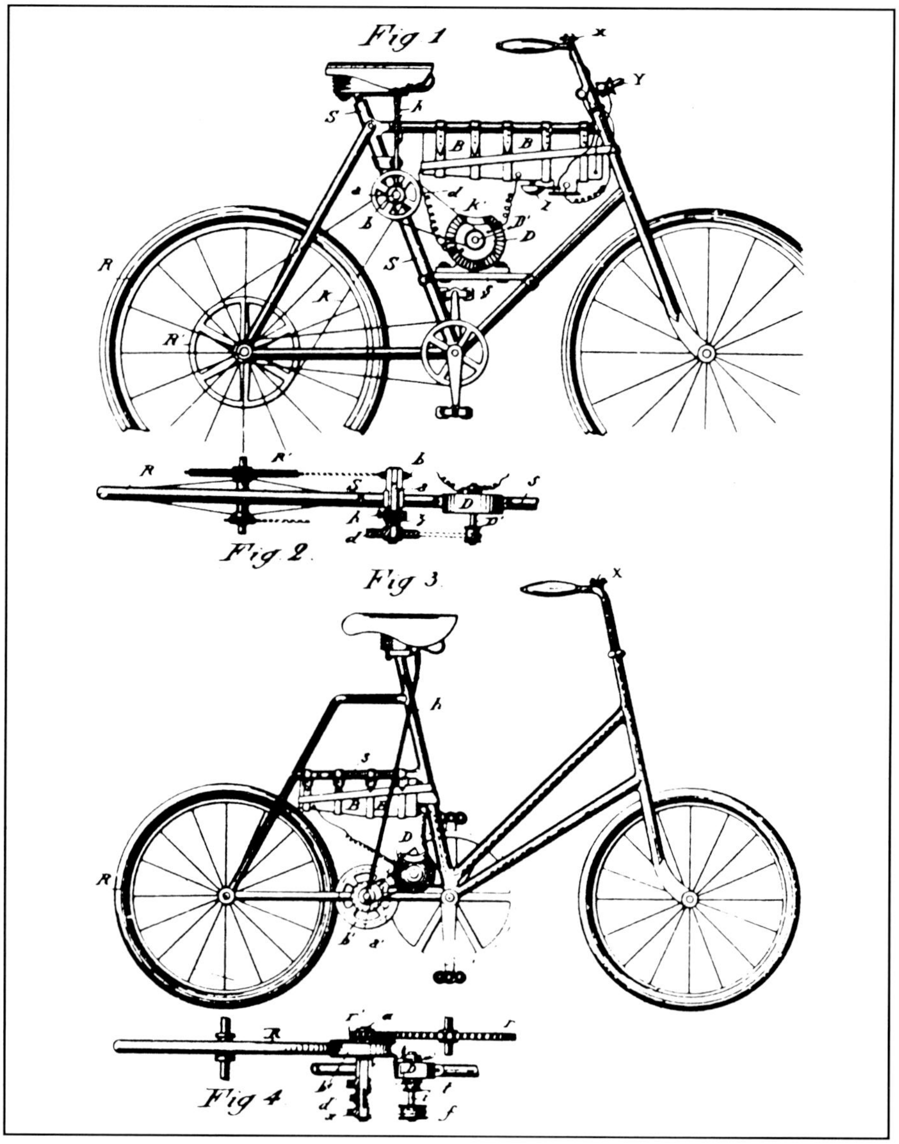

Zweimal Elektro-Zweirad: Oben Entwürfe aus der Pionierzeit des Motorrads, unten das 1934 in Serie gefertigte Fahrzeug von EMI/Philips

werke selbst mit den vielen störanfälligen Nebenaggregaten wie Vergaser, Zündanlage, Kupplung und Getriebe.

Als ideale Lösung des Antriebsproblems von Kutschenwagen und Zweirädern galt der Elektromotor. Versuche, den 1860 von Planté entwickelten Bleiakkumulator leistungsfähiger zu machen, führten um 1900 zu einigermaßen zuverlässigen Typen, die im Verhältnis zu heutigen Ausführungen etwa das Doppelte bis Dreifache wogen. Auf Dauer konnten sich Akkumulator-Fahrzeuge aber nicht durchsetzen. Es stand ihnen eine gewaltige Industrie gegenüber, die, monopolartig organisiert und mit einem nahezu perfekten Vertriebssystem ausgerüstet, Unmengen eines anderen Energieträgers liefern konnte: flüssige Treibstoffe aus Erdöl. Die großen Erdölkonzerne - allen voran Rockefellers "Standard Oil" - setzten auf der ganzen Welt ihr Leuchtpetroleum ab und waren, als sich die elektrische Beleuchtung durchzusetzen begann, nur zu gerne bereit, das Wunderelixier für die neue Mobilität zu liefern. Die künstliche Beleuchtung, ehemals auf Ölprodukten basierend, wurde elektrifiziert, der Straßenverkehr dafür zum neuen Stammkunden von Rockefeller & Co.

Elektrofahrzeuge treffen wir seither nur in Sonderbereichen an. Erst nach der "Ölkrise" und als Folge ökologischer Diskussionen entstanden in größeren Mengen Leichtmotorräder oder Mopeds mit Akku- oder Solarbetrieb. Ein früher Rufer in dieser Wüste war der Elektro-Konzern Philips, der in seiner Tochterunternehmung EMI 1934 ein Elektro-Fahrrad herstellen ließ. Simpel, spartanisch - aber viel weiter war man 40 Jahre später auch nicht.

Zylinder im Quadrat

Die Firma Ariel nannte sich nach einer Figur aus dem Drama "Der Sturm" von William Shakespeare. Dort erscheint ein Schwebegeist dieses Namens. Die Bezeichnung war im Jahre 1871 fast provokativ

Quadratisch-praktisch war das Vierzylinder-Triebwerk der Ariel Square Four

und auf jeden Fall zutreffend: denn James Starley, gerne als "Vater der englischen Zweiradindustrie" bezeichnet, stellte unter der Marke "Ariel" grazile und leichtfüßige Hochräder her, die den bis dato gebräuchlichen "Boneshakern" mit massiven Holzrädern und Eisenreifen den Garaus machten. Die Ariel-Räder glitten hingegen auf gespannten Drahtspeichen-Rädern, die mit Gummi belegt waren, dahin. Starleys Unternehmen ging in der Firma Rudge auf, die die Marke Ariel nicht mehr benutzte. Ende des letzten Jahrhunderts griff eine Fahrrad-Firma aus Birmingham darauf zurück und lieferte ab 1902 auch Motorräder unter diesem Namen. Sie verwendete anfänglich Einbautriebwerke diverser Hersteller, konstruierte später eine Reihe eigener Einzylinder-Modelle und holte sich 1929 den Ingenieur Edward Turner und dessen Entwurf einer Vierzylindermaschine ins Haus.

Turner hatte eine gewagte und unorthodoxe Idee auf dem Reißbrett: einen extrem kompakten Halbliter-Vierzylindermotor mit kettengetriebener obenliegender Nockenwelle, quadratischer Anordnung der

Späte Ausführung der Square Four mit vier Krümmern

Brennräume und zwei Kurbelwellen. Das Triebwerk paßte in einen Halbliter-Single-Rahmen und konnte, im Profil von vorne oder der Seite aus gesehen, tatsächlich für einen sehr kräftig geratenen Einzylinder gehalten werden.

Turner hatte eigentlich ein Sportgerät im Sinn gehabt. Theoretisch hätte man aus dem Vierzylinder-Triebwerk einiges herauskitzeln können, praktisch setzte sich die gesamte Konstruktion aber selbst enge Grenzen. Zylinderblock und -kopf bestanden aus Grauguß, waren somit gute Wärmespeicher. In den hinteren Zylinderköpfen hielt sich die Hitze besonders hartnäckig, denn sie bekamen vom Fahrtwind wesentlich weniger Kühlung als ihre vorderen Partner.

Zudem schien der Zylinderblock der Square Four, wie das Modell offiziell hieß, von Aggregaten wie eingemauert: hinten ragten der Magnet und der darauf sitzende Dynamo empor; rechts deckten zwei Kettengehäuse einen großen Teil der Seitenfläche ab; vorne schließlich reckten sich zwei Auspuffkrümmer heraus, und dazwischen saß ein Amal-Vergaser, der sich über kalte Ohren gewiß nicht beklagen konnte. Links ließ der Zündverteiler ein wenig Platz, aber nur so lange, wie man keinen Seitenwagen anbaute. Aufgrund diverser technischer Schwierigkeiten wurde die "Squariel" nie das Sportmotorrad, das sie hätte sein sollen. Im Verlaufe ihrer langen Evolution, die immerhin von 1930 bis 1959 dauerte, erwarb sie schließlich eine neue Identität, die einer schweren Tourenmaschine. Die Hauptstationen auf diesem Weg sollen kurz skizziert werden.

So sah das Square-Four-Triebwerk ursprünglich aus: prägnant der Schacht der Steuerkette für die obenliegende Nockenwelle. Unten: Schnitt durch den 1000-ccm-ohv-Motor in der Version von 1949

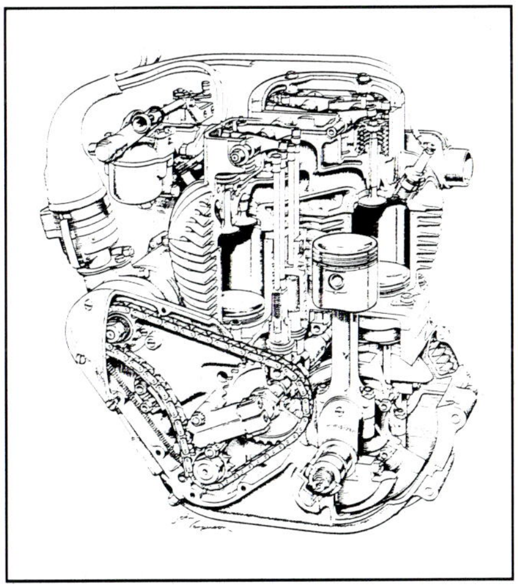

Schon 1932 wuchs der Hubraum um 20 % auf 600 ccm. 1937 stieg er noch einmal gewaltig auf 995 ccm an. Das Triebwerk war komplett umkonstruiert worden, besaß nun Stoßstangensteuerung und eine externe Kopplung der beiden Kurbelwellen (früher über die Schwungräder). 36 PS brachte die Square Four, beschleunigte turbinengleich aus niedrigsten Drehzahlen und kam auf über 150 km/h Spitze. 1939 erschien parallel eine kleinere 600-ccm-Variante. 1946 erhielt die Maschine eine hydraulisch gedämpfte Telegabel. 1949 war im Modell MK I aus dem Vierzylinder-Graugußklotz ein Leichtmetall-Motor geworden. 1953 erhielt er in der MK II eine neue Abgasführung mit vier einzelnen Krümmern, die als 2-in-1-Anlagen in zwei Dämpfer mündeten. Auf diesem Standard blieb die Square Four bis zum Produktionsende. Ein neues Fahrwerk wollten dem 40-PS-Brocken die neuen Firmeneigner BSA nicht mehr gönnen. Schnelle Tourer ähnlicher Leistung hatte man ja schließlich selbst im Programm

Sechszylinder aus Italien

In den siebziger Jahren hatte sich die Schar der europäischen Hersteller, die den japanischen Hightech-Produkten noch etwas entgegenzusetzen hatten, stark gelichtet. Die wenigsten konnten und wollten am technischen Wettlauf um immer mehr Leistung und immer größere Maschinen teilnehmen. Man machte aus der Not eine Tugend und betonte sein spezifisch europäisches Profil. Eine Ausnahme davon bildete die italienische Firma Benelli. Sie versuchte "japanischer" zu sein als die Japaner. Sie brachte Mehrzylindermotoren mit ohc-Steuerung, die direkt aus der Honda-Entwicklungsabteilung zu kommen schienen. Von reinen Plagiaten war die Rede.

Benelli gelang es sogar, die Rekorde japanischer Hersteller in zwei Bereichen zu brechen: Honda brachte 1972 eine Vierzylinder-Maschine in der 350-ccm-Klasse. Das war beeindruckend, wurde aber 1975 von Benelli über- (oder unter-?) boten. Die Italiener stellten eine 250-ccm-Maschine mit vier Zylindern und obenliegender Nockenwelle vor. Sie brauchte Drehzahlen im fünfstelligen Bereich, um auf ihre 25 PS zu kommen und war für ihre Größe vielleicht etwas zu kantig gestylt. Aber immerhin - wer solch eine kleine "Nähmaschine" wollte, konnte sie beim Benelli- und nicht beim Honda-Händler mitnehmen.

Der erste Sechszylinder in Serie kam aus Italien. Hier die 900-ccm-Version von 1988 : Benelli Sei

Der zweite Schlag der Norditaliener, die zum gleichen Konzern wie Moto Guzzi gehörten und deswegen auch einige Modelle unter dieser Markenbezeichnung herausbrachten: Während sich die Japaner mit immer stärkeren Vierzylindern überboten, stellte Benelli im Jahr 1973 eine Konstruktion vor, wie sie wohl auch Honda oder Kawasaki als Trumpf im Ärmel hatten, aber noch nicht spielen wollten: einen Sechszylinder-Reihenmotor, quer eingebaut, mit ohc-Steuerung und Kettenantrieb. Das Triebwerk leistete 76 PS bei 9000 U/min.

Trotz des Sechszylindermotors wirkte die Maschine weder klotzig noch unproportioniert, wie es bei japanischen Remakes von Honda (CBX, 1978) oder Kawasaki (Z 1300, 1978) später der Fall war. Die Benelli Sei wurde in einer 900-ccm-Version bis Ende der achtziger Jahre angeboten.

Kraftstoffsparen auf Indisch: Sooraj Diesel

Motorradgeschichte live: Ibbenbüren

Alle hier gezeigten Fotos stammen aus dem Archiv des Autors. Es wäre beträchtlich kleiner ohne eine Veranstaltung, die seit 15 Jahren Hunderte von interessanten Maschinen aus ganz Europa am Pfingstwochenende zusammenbringt. Die Ibbenbürener Rallye (gekoppelt mit einem Gleichmäßigkeitslauf) bietet Jahr für Jahr die Möglichkeit, konzentrierte Motorradgeschichte zu erleben, Maschinen (fahren!) zu sehen, die man in manchem Museum vergeblich sucht und schließlich zwanglos mit Besitzern ins Gespräch zu kommen. Einer Veranstaltergemeinschaft gelingt jedes Mal aufs Neue der Spagat zwischen internationalem Insider-Treff und volkstümlichem Spektakel. Viele der hier abgebildeten Vorkriegs-Raritäten wurden in Ibbenbüren fotografiert.

Dank

Der Autor möchte sich bei allen Sammlern und Veranstaltern bedanken, die ihm die Möglichkeit gegeben haben, die hier abgebildeten Motorräder zu fotografieren. An erster Stelle seien die Veranstalter und Teilnehmer der Ibbenbürener Pfingstveranstaltung genannt, insbesondere das Ehepaar Veltmann, Herr Deuper und Herr Lehmann. Dank auch an Anke in Münster, Herrn Franke in Mühlhausen, Matthias Förschle in Untergriesheim, Stefan Hauch in Heidelberg, Anke Mündörfer in Mannheim, Herrn Groh in Walldorf, Herrn Dr. Spiegelmacher in Kaiserslautern, Herrn Cialla in Thairnbach, Gero Gaschott in Ludwigshafen, Andy Job in Heidelberg, Herrn Hofner in Kirrlach, Horst Heiler in St. Leon und die Mitarbeiter des Deutschen Zweiradmuseums Neckarsulm.

Eindruck von der Veteranen-Veranstaltung in Ibbenbüren

Empfehlenswerte Zweiradbücher aus dem Podszun-Verlag:

"Die deutschen Motorräder, Mopeds & Mokicks der sechziger Jahre"; "Deutsche Fahrradmotoren 1898 bis 1988"
"Die berühmtesten deutschen Motorräder aller Zeiten"; "Die Motorroller und Kleinwagen der fünfziger Jahre"
"Die deutschen Motorräder der Wirtschaftswunderzeit"; "Die deutschen Mopeds der Wirtschaftswunderzeit"

Verlag Walter Podszun
Bahnhofstraße 9, D-59929 Brilon
Herstellung Druckhaus Cramer, Greven
Titelfoto Reinhard Lintelmann, Espelkamp
ISBN 3-86133-137-3